U0817913

THE POWER OF WILL

自控力

如何掌控自己的时间和生活

[美] 弗兰克·哈多克◎著
盛安之◎译

江西美术出版社
JIANGXI FINE ARTS PUBLISHING HOUSE

图书在版编目（CIP）数据

自控力 /（美）弗兰克·哈多克著；盛安之译 . -- 南昌：江西美术出版社，2017.5（2019.5 重印）
ISBN 978-7-5480-4264-8

Ⅰ. ①自… Ⅱ. ①弗… ②盛… Ⅲ. ①自我控制—通俗读物 Ⅳ. ① B842.6-49

中国版本图书馆 CIP 数据核字（2017）第 033444 号

出 品 人：周建森
企　　划：北京江美长风文化传播有限公司
策　　划：北京兴盛乐书刊发行有限责任公司
责任编辑：王国栋　康紫苏　朱鲁巍
版式设计：刘　艳
责任印制：谭　勋

自控力

作　　者：（美）弗兰克·哈多克
译　　者：盛安之

出　　版：江西美术出版社
社　　址：南昌市子安路 66 号江美大厦
网　　址：http：//www.jxfinearts.com
电子信箱：jxms@jxfinearts.com
电　　话：010-82093808　　0791-86566124
邮　　编：330025
经　　销：全国新华书店
印　　刷：保定市西城胶印有限公司
版　　次：2017 年 5 月第 1 版
印　　次：2019 年 5 月第 3 次印刷
开　　本：880mm × 1280mm　1/32
印　　张：7
I S B N：978-7-5480-4264-8
定　　价：26.80 元

本书由江西美术出版社出版。未经出版者书面许可，不得以任何方式抄袭、复制或节录本书的任何部分。
版权所有，侵权必究
本书法律顾问：江西豫章律师事务所　晏辉律师

前言

Preface

当各位读者翻开这本书的时候，最想了解的大概就是本书的内容和写作的目的，而这也是身为作者的我想要先告诉大家的。在这里，我想借用医学博士威廉·汉纳·汤姆森的著作《大脑与性格》中的观点来阐述一下我撰写此书的目的：

神经元一旦受到外部刺激，就会马上做出反应，其内部也会随之发生变化。首次受到刺激时，它只会产生较小的变化。可是，随着能够引起特定反应的刺激程度的增强，它所出现的变化也变得越发明显，最终，神经元会在这种连续不断的刺激下出现永久性的变化，与此同时，它的内部反应方式也开始固定下来。久而久之，神经元的工作方式就形成了固有的模式。如果从功能的角度来说，就等于是形成了一种习惯。

我们在对大脑进行长期观察后，得出了很多结论。而其中尤为重要的一点就是：事实上，人的大脑灰质不仅是可塑的，而且能进行更新。人类的大脑除了具备与生俱来的一些功能之外，还可以进行人为更新，换句话说，就是通过后天教育来获得很多新的功能。虽然繁衍和遗传不能使人具备这些功能，但正如我们所说，大脑具有千变万化的可塑性，所以，它仍然可以凭借这些功能印刻下深深的痕迹。

有关大脑的这一理论不仅得到了广泛证明，而且影响深远。根据这一理论，一个前所未有却又意义重大的有关教育方面的论题被引发了出来，并且得到了近乎完美的证明。这个论题就是，假如教育将更多的精力放在直接对象身上，换句话说就是更注重对神经元变化方向的引导，更注重精神控制力的提高而不是一味地灌输一些理论知识（其实，只有少数理论性知识能在日常生活中得到应用），那么教育所产生的结果就会更加贴近它的真正意义——让个体能够成功地发掘出掌控和运用自身所有力量的能力。而在接受教育的过程中，除了要掌握书本上的知识，更重要的是要学会控制和运用不断发展的自我力量；这也正是本书写作的宗旨。对于教育认识模糊的人绝不在少数，在他们看来，教育只与精神有关，几乎很少有人会认识到，事实上，教育包含着在大脑固化成型之前，引导它进行物质转变这样一个重要的过程。凡是能够举出的有关教育成功的例子，不外乎都以大脑灰质各个部分的优良状态为基础，而这些部分在其功能上均接受过专门的“训练”。

因为大脑能够在专门的训练下进行调整，所以，我们可以对大脑进行培养。通过持续不断地训练与努力，我们不仅可以对大脑产生连续不断的刺激，让它产生新的功能中心，而且能将各个功能中心相互连接起来，专业术语称其为“连接纤维”。而一旦连接纤维形成并发挥作用，大脑的各个功能中心就可以协调工作，实现以前无法达到的功能。不过，我要再次强调，要想形成一个这样的功能中心，必须付出极大的努力，只有强大的自控力和坚持不懈地付出才能使大脑发生这种变化。人类所具有的所有力量都有一个共同点：越是被使用，就越是强大。而我在此书中所提出的训练方法不仅能让大脑形成产生新的功能中心，更可以让你的自控力得到提高。

人类的大脑之所以独特，是因为它拥有引导人的行为的自控力。人类的大脑是一种能够不断进行塑造的工具，它不仅体现了一个人的个性，而且可以被用来探索周围的客观事物——不论是鹅卵石的结构，还是恒星的组成成分，都在它探索的范围内。只有自控力才可以让人的躯体服务于人的精神，也只有自控力才可以决定人的某一身体部位的应用时机。

在大脑被塑造为精神工具的这一过程里，自控力始终位于精神力之上，所以，如同精神可以控制和主导身体一样，人的自控力也具有控制和引导精神的特权。

对于人来说，自控力是最高领导者，是各项指令的发布者。而一旦这些指令得到了完全执行，自控力所具有的指导作用也就具有了不可估量的价值。之所以这样说，是因为如果一个人的精神始终受控于自控力，那么他思考时所根据的就不再是条件反射而是精神，这样他的生活目标就会变得更加明确。

当然，我们不可能只因为一个人的思想不够深刻就对他加以维护或是提出责难。一个人必须要有正确的自控力，一旦这种自控力被思维所领会，那么行为就会自然而然地步入正轨；假如自控力与常理相去甚远，那么就算对这种常理理解得准确无误，对人也没有丁点儿益处。

人因其与生俱来的特殊责任感而成为万物之灵，而意志正是产生这种责任感的源泉。有些人似乎天生就拥有明显的优势，比如聪颖过人、有受教育的机会或是社会地位超然，但可惜的是，这些人中往往只有少数能越走越远，越攀越高。他们因怕别人超过自己而整日提心吊胆，可最终，他们还是会为那些起初看起来不占任何优势的人超越。那么，这些看起来既没有过人的智慧，综合素质也相对落后的人到底是怎样超越那些具有明显优势的人的呢？自控力可以对这一切做出解释。自控力是人们生命过程中最为强大的精神力量，是一种神圣的天赋。它赋予所有人一种特权，尽管这种特权从表面上看好像是在测试每个人对自我了解的程度，但实际上，它所拥有的力量却能帮助人们获得这世上最弥足珍贵的财富，那就是拥有自我。拥有自我代表的是可以约束自我、激发自我和引导自我。一个人一旦拥有了这种力量，就可以获得一切自己梦寐以求的财富。

我想，当你了解了汤姆森博士的上述观点，就应该知道培养和训练自控力到底有什么意义了。俗语常说：“意志可以创造人”。在这个世界上，你的大脑——这种宇宙中非常神秘的东西，就是你获取成功的唯一源泉。现在，你应该做的就是：在大脑中留下行为印迹，取得行动的自由，学会将精神转化成现实……然而，这一切都与自控力息息相关。

我们的大脑中蕴藏着源源不断的财富。只要你提高自控力，就可以收获人生的财富并创造出生活中的诸多成就。我们所有人的身体中都潜藏着这种自控力。记得一位哲人说过：“自己才是人生殿堂的建筑师!”在这个世界上，唯有人的自控力才能真正创造出人生的奇迹!

弗兰克·哈多克

目录
Contents

第二篇 自控力与感知训练

第一篇

自控力与成功

第 1 章　自控力的强弱决定成败

对于人类来说，我们的自控力本身就是一种无法解释的神秘力量。毫无疑问，自控力是我们每个人都很熟悉且又十分实用的能力。虽然有人认为人类并不具有精神性，但却从未有人怀疑过人类意志所产生的力量。虽然在自控力的来源、基本原理、功能、局限性以及它所起到的积极作用等方面的看法见仁见智，但是，没有人能否认，自控力是在我们每个人的生命里都发挥着举足轻重的作用。

那么，到底什么是自控力呢？有人曾经这样定义："自控力是一种有意识的心理机能，在那些各种经过慎重思考的行为中体现得尤为明显"。可是，在对自控力界定时，"有意识"这个限定词是不是非用不可？这的确值得商榷。因为在我们的生活中，一些看似"无意识"的行为也许正好能体现出一个人的自控力。而其他一些表面上看起来与个人意愿毫无关系的行为，却有可能是有意之举。一个人的所作所为只要是出于自愿，那他的这种行为就必定经过了一番慎重思考，因为就算完成这一行为耗时很短，思维也仍然在这一过程中起到了非常重要的作用。所以，思考也好或是人们在思考指导下作出的行为也好，往往并不一定都是有意识的。这样看来，将自控力界定为“一种可以引导自我的力量”是比较理想的解释。

一般来说，自控力常常同人的自身感受和知识一起发挥作用，但是，我们绝不能因此就将自控力同自身感受和知识画上等号，也绝不能将自控力与欲望和道德观念混为一谈。我们举一个非常简单的例子就能说明这一点：一个人做某件事情时可以只凭感觉而不顾自己的意志。当然，这个人也可以凭借自己的自控力来摆脱个人情感的困扰。自控力发挥作用的全过程并不一定总会为我们所熟知，有时它也会以一种不易被人察觉的隐秘方式暗地里进行。但是，一般情况下，假如一个人能够完全处于自控力的支配控制之下，那么他就会对来自欲望、情感和感官的力量毫无知觉。对于自控力来说，它既可以让自身的行为处于社会伦理道德的支配之下，也可以将道德观念抛在一边，置社会上的各种道德规范于不顾，并按照其他某些因素来支配自身的行为。

自控力引导我们指引自我

自控力是一种做人做事的方式，它可以成为人们灵魂思想和肉体行为的指导者。实际上，就像洞察行为并不是由洞察力所指挥的，人们思想所勾画出的蓝图也并不是在想象力的帮助下完成的一样，人的意志也并不是由自控力所指挥的。

自控力指的是能够进行自我引导的精神本身。

罗伊斯说：“从狭义范围来说，自控力一般指的是人们精神生活的全部，我们所做出的各种各样的行为都处在这种精神生活的引领之下。”对于个人来说，只要学会了如何运用这种有益的力量，就能形成一种意志。我们在这里所谈到的意志其实指的是自控力的外在表现。

任何一种意志都能对人的心理行为和肢体行为产生一种额外的心理指引。而自控力会外在表现为思想和身体对意志的认可。

在这个世界上，人们不可能去试图做一些自己根本没办法完成的事情。比如，没有人会下决心将本已经残疾的胳膊重新抬起，也不会有人下决心在不借助任何机械的情况下飞翔在天上。虽然以上这些事情成为现实的可能性极其渺茫，但有时候人们的头脑里也许会冒出想做一下尝试的想法，不过，他们绝对不会从心底里决定非做这件事不可，因为他们根本就拿不出勇气去面对这种不在自己能力范围之内的事情。

自控力不仅是静态的还是动态的。它既是一种引导人类行为的力量，又是人类为了满足这些目的所进行的行为本身。因此，一旦某个人能够在某件事情或某些事情里表现出非常大的决心和力量，人们就会认为他是一个“自控力非凡”（这里的自控力显然是静态的）的人，当然，这种自控力的特性主要是由他的决断或行动的力度大小还有维持时间的长短来表现的。而正是在这一过程中，自控力由原来的静态变成了动态，也就是说，这个人的决断转化成了自我指引下思想的行为表现。

同时，自控力也可以被视为一种能量。一个人的自控力是坚强还是薄弱，是发展完好还是存在障碍，就是根据其能量大小程度来进行判断的。摩尔人的领导者莫利·摩洛克罹患重病，正当他已病至无药可医的地步时，摩尔人与葡萄牙人之间突然爆发了一场激烈的战争。在战争发展至最关键的时刻，原本躺在病床上已经奄奄一息的莫利·摩洛克竟然一跃而起，将自己的部队重新召集在一起，带领他们夺取了战争最后的胜利。可是，就在战争结束的那一刻，莫利·摩洛克的精神体力早已消耗殆尽，马上与世长辞了。

当一个人下定决心要做成某件事情的时候，自控力就率先代表着完成这件事情所需要的一种精神力量。假如说一个人的自控力非常顽强，那就代表着他可以凭借自身的自控力、自己的身体或是其他事物，运用强大的能量来实现自己的目标。就像爱默生曾说过的那样，“自控力是一种能激励整个人的冲动”。

如果从这个角度来看，可以将人们的思想视为电池，其个体的大小和容量决定着其所释放电量的大小。电池内部体内储存着许多能量，只要操作适当，这些能量就会转化成为强大的电流，释放出来。人，亦是如此。如果一个人受到了某些特殊情况或特殊事件的刺激，就会表现出一种强大的自控力，受此激发，这个人就有可能爆发出超乎寻常的能量。因此，自控力可以被视为一种积蓄起来的，能够让数量剧增，质量得以提高的能量。

自控力不只表现为一种动态的思想力量，还表现为一种人们对某种目标孜孜以求的力量，我们这里所说的目标既可以是短期的、触手可及的，也可以是长期的、远在将来的；既可以仅体现在人们做人做事的一些小细节中，也可以涉及人一生所经历的所有复杂利益的集合。自控力在日常生活中完成某事时起到的作用决定着它在长期目标中所能起到的作用。自控力往往会在毫无关联的偶发事件中表现出强大的力量，而一旦涉及某一事件的整个过程，或是一些与整个人生的宏伟目标相关的事，自控力可能就会显得力有不逮。这也就是说，在很多时候，一个人的决心都并不很坚定，所以，他的自控力无法经常维持很长的时间，也不能在一系列行为中保持下去，因此他也自然无法凭借自控力来完成长期的目标。所以，对一个人自控力进行训练和提升，是关系到一个人一生是否能取得成功的重要一环。

自控力帮我们作出判断选择

曾经有一位法国作家这样说过："自控力其实就是人们为了实施某一行动所做出的选择。"事实上，这种说法并不是特别准确，原因在于能够进行选择的不是自控力本身而是人。可是，如果从广义的角度看，自控力也可以被定义为"一个人应该选择做什么"的力量。

一般情况下，这样的选择都会紧随自控力其后而进行，而一些相应的行为则与自控力相伴出现。人们常常会在自己精神上和身体上的允许范围内，根据自己所作出的实际选择来行动。而如果条件不允许，那么就算人们的内心充满着渴望，在主观上也不会选择去行动。因此，从这个角度来看，人们所进行的选择都含有理性因素。人的自控力只会在有足够充分的选择理由时才会出现。这种足够充分的理由完全能够形成一种动机，并被人们拿来当成行动的根据。而一旦某种动机得到了认可，人们就会选择好恰当的行为去遵从这种意志。当然，也许还会出现这样的情况：许多人在实施某种行为之前似乎已经对其理由表示认可了，但却迟迟下不了决心将其付诸实践，这到底是为什么？答案是，也许还有其他一些不能采取行动或能为采取相反行动提供充分根据的理由存在于他的潜意识之中。

因此，我们总结出了四个与自控力的行为相关联的步骤：第一，将要做的事在头脑中清晰地勾画出来；第二，把即将做某事的动机以及行动理由在头脑中展现出来；第三，在头脑中先形成一个十分充分的理由；第四，以此理由为依据，下定决心开始践行自己的意志。

在乔塞亚·罗伊斯教授的著作中，有这样一段话："人们不仅可以感受到自己的行为和观点态度，而且往往还会在自己的行为和观点态度的重视程度上有所不同。对于某些事物，人们也许关注得比较多一些，但对于另外一些事物，就会关注得比较少一些；同样，在一些具体的行动以及行为上，人们这次会选择一种倾向，下次也许就会选择另一种倾向，目的是使得自己的目标和愿望得以实现。"

人们在动机的指引下可以达成某种意愿。动机与行动的意愿是不可以被完全区分开来的，原因在于，导致意愿产生的一个重要因素就是动机。假如你非要搞明白动机与意愿之间所存在的细小差异，那么也许最终只会得出二者之间基本毫无差别这个荒谬的结论。而实际上，两者本来就是一回事。虽然动机必须得到充分理由的支持才能将自控力唤醒，可是这种理由只是其中的部分原因，而并非是导致自控力直接发挥作用的力量。只有人，才能直接对自控力产生影响，才能为下决心找出充足的理由。归根结底，行为的最高统帅者是人，自控力生来就是国王！而动机充其量只能被当成是行为的条件，却不能成为行动的理由。在理性的思考面前，动机是绝不可能成为起决定作用的条件的。

自控力让我们享受"自由"

"意志的自由"，这样的说法好像不够简洁。与这一说法相反的另一种说法就是"意志的束缚"。实际上，我们即将要探讨的"意志的自由"指的就是意志的存在。假如一个人连自己能够做的事情都无法决定，那他就算不上是一个完整的人。

也许有些人的思想中根本就没有自控力，但假如它确实存在，那它毫无疑问就是自由的。自控力也许是脆弱的，可在这种脆弱的束缚之下，它终将会得到自由。没有什么东西能将人的意愿束缚住。意志本身并不具有感知能力，唯一能感知事物存在的是人的感官；当面对某种选择时，意志本身并不会感到渴望或抗拒，唯一能对其产生好恶之感的是人的情感；对于一个目标来说，意志没办法判断其本质和价值，唯一能作出判断的是人的智慧；意志也无法去衡量一个目标或一种选择，唯一能对其进行衡量的是人的良知和道德感；意志无法对各种目标进行衡量和比较并做出最后的抉择，唯一能做出判断选择的是人的理性。

作为人来讲，其自身的智慧、洞察力和判断力都不可能是无限的，因此，当人们难以对各种动机进行思考和做出判断，甚至没办法断定哪一种动机应该起主导作用也就在所难免，可是这种人的身上所存在的弱点，并不属于人的自控力范畴。这些弱点根本就与自控力无关。根据自控力的定义，不管是谁，不管这个人自身是否受到了束缚，其意志都是自由而不受制约的。其原因在于，无论哪种约束都会随着人的不断成长，随着其教育程度和道德观念的不断变化而被慢慢解除，如此一来，人就可以得到真正意义上的自由。从某种意义来讲，人一般都可以为所有动机找到充分的理由，当然，为疾病所困扰是个例外。

在生活中，很多人都有过这种经历：有时头脑中会冒出一些邪恶的想法，但随后这种想法又会被自己克制住。其实这种对邪恶想法的克制，正是因为人们总是倾向于选择那些具有道德感的动机的结果。当然，邪恶的思想和行为在一个社会中横行无忌这种现象也是存在的，而我们对此的解释是：一旦得到了自控力的许可，邪恶就会开始放纵它的贪欲。一种充满智慧的力量，一种能够树立目标且对目标执着追求的力量，可能会对一些能指引它正确前进的行动准则视而不见，直至最终失去方向，永远也到达不了它既定的终点。

塞缪尔·约翰逊曾说过：“一个人一旦依赖情绪和感觉去做所有事，就会渐渐向它们屈服，并最终完全被它们所控制，从这时起，这个人就不再是自由的了，或者说他早已经丧失了原本真正的自由，而实际上，这两种说法是一个意思。”对所谓“必要性”这样的说法，我想没人会相信。比如说，某个人提出了一些我从来不曾听过的论据，就算我暂时没有办法去对这些论据进行反驳，可这并不代表我已经相信了它。如果一个人具有高尚的品格，就应该执着于为使自控力得到正确发挥找出充分的理由。

自控力也必须遵从一定的规律，符合普遍的生命法则，并按照它本身的内在规律发挥作用。一旦自控力违背了规律，它也就没有了存在的意义。自控力是一种思维上的机能，因此它能够在一定程度上影响人的性格、社会环境还有道德伦理。但是，自控力的所有特点都表明，无论哪种意志都应得到充分理由的支持并遵循规律否则就毫无意义。违背规律的意志不仅谈不上是自由的意志，甚至就连意志也算不上。违背规律的意志是变化不定的，而这种变化不定则代表着人的思想中存在着某些容易受到影响和干扰的不确定因素。假如一个人一直无法脱离这种状态，那他就和一个千依百顺的奴仆没有什么分别。这样人根本没有办法去通过明智的行动来实现一个既定目标，当然也无法走完自己所选择的道路。

只有发自于内心的自控力，才可以保持一种自由的状态。可要真正做到“发自于内心”，就必然得遵从一定的规律。自由的实质就是规律。所谓“自由”，其实指的就是它们任何活动都不会为其内在规律所阻碍。自控力既不能超越其本身，更没有必要超越其本身的自由。鸟儿可以逍遥自在地翱翔于天空之中，却不能够自如地畅游于水中。鸟儿这种飞翔的自由是由其本性所决定的，而这种自由之上的束缚却并非是鸟儿自身的缺陷。这与自控力本身的自由不受个人思想的局限是一个道理。

到现在为止，我们已经就一些有关自控力的问题进行了大致了解。而这样做主要是为了让大家能对自控力在生命中所处的地位有一个清醒的认识，从而激发你去训练自己所拥有的这一最崇高的能力，这些训练会让你受益颇多。当然，这样的训练也需要你付出一些代价，但在付出的同时你也将感受到从未有过的快乐。

我无法准确地告诉你这本书究竟会为你们提供多少帮助，因为能受益多少完全要看你们自己。

第2章 自控力统率着我们的身体

在一般情况下，完美的自控力会有如下两种表现：

第一，自控力表现为一种有力的行动，而在这次行动中，我们所表现出来的自控力可能还有些不尽如人意。就像托马斯·卡莱尔评价卢梭时所说的那样："当卢梭面临巨大的困难时，他所表现出来的既不是宏大的气魄，也不是惊人的力量，可这却恰恰体现了卢梭的与众不同。他所显现出来的坚强的自控力，是那些所向无敌的勇猛之士也不曾拥有的力量，这是一种极为特殊的东西。例如，也许六个人都无法将一个痉挛发作的病人控制住，可这并不意味着这样的病人是真的强而有力。而一个身负重担却仍然能够步履稳健、奋力前进的人才算得上是真正的英雄。"

第二，自控力所表现出来的是朝向既定目标的一系列行动。这种行动既充满着积极向上的力量，又与既定目标密切相关联。

我们可以将这种非同凡响的自控力形容为爆发力、坚定不移、积极进取、决断、深谋远虑等。但是，请你一定不要忘记，自控力始终是一种自我指引的力量。

自控力控制人体的三大功能

自控力主要具有以下三大基本功能：

第一，强大的自控力统率人的躯体；

第二，正确的自控力控制人的敏锐思想；

第三，完美的自控力主宰人的判断力。

在大多数情况下，自控力对身体的主宰作用是通过人对身体进行的某些神秘操控来实现的。这一点可以从每个人主动形成的习惯中得到证明。我们都知道，习惯是一种自觉的行为，可是它所体现出来的却是一种对自控力的长时间实践。某种习惯一经养成，就意味着自控力开始对行为进行一种无意识控制。

有关这方面的证据，我们不难找到。比如，歌唱家所展现出来的天籁之音是一种对平常训练的释放；演奏家娴熟的技巧实际上也是一种长时间练习的结果；不论面临着何种复杂危险的情况下，勇猛的骑士都能够恰到好处地掌控着自己的身体，其原因就是在他的头脑里已经能敏捷、恰当地应付各种情况；杰出的演说家能够快速地通过肢体语言表达自己的感受。这些例子所要表达的道理其实都是相同的，因为它们都说明了自控力正在发挥着作用。自控力使人的意志与具体的行为相互协调，直至达成既定的目标。实际上，无论是什么样的技能，也不管它如何的复杂，它的每一个具体行为都要在自控力的作用下进行，都需要自控力为它们做出合情合理的说明和引导。因此，虽然自控力的主导作用常常被人们所忽视，可自控力却的的确确成为人们身体上的统帅，而且拥有着最崇高的权力。

虽然这种自由的状态不是直接受到意识控制而产生的，可是意识会变成一种无形的力量。假如这种潜能不能通过自控力的直接作用得以发挥，那么一切对自控力的训练就都是在白费力气，无论这些训练看似多有成效，最终都不是增强而是削弱了人的自控力。“无意识”或“潜意识”在我们的生活中所发挥的作用是非常强大的。在某种程度上，人们可以通过思想将一定程度的自控力唤醒，并且再通过强大的力量使自控力在某个具体的行动中发挥作用。那么，我们说，“一定程度的自控力”这种说法的意思是不是说此时的自控力没有被运用得很好呢？答案当然是否定的，实际上，在这种情况下，人们往往更能表现出积极且无比强大的自控力。

假如一个人在注视某个物体时运用到了他的意志，他就会发现自己的眼睛变得炯炯有神。当一个人将全部注意力放在倾听上，并且有意识地排除掉其他的感觉，那么他的听力就会变得异常灵敏。假如他把全部注意力都集中于神经末梢，那么他的触觉就会变得异常敏锐，例如双目失明者，他们就会有这种感觉。如果一个人全身心地投入到了某项运动中时，他身体上的肌肉就会在自控力的强大控制下出色地完成一系列的动作。

当人们受到了诸如惊恐、爱慕、希望、宗教信仰以及音乐熏陶等一些精神上的刺激时，精神与肉体都会被自控力唤醒。运动员在奥运会上获得骄人的比赛成绩，普通人惊险地逃脱险境，母亲舍生忘死地救助自己的孩子，演说家与传教士孜孜不倦的努力，都与自控力所发挥的强大作用息息相关。

另外，人在通过利用自控力来控制自己的行为过程中，还可以创造出很多无法想象的奇迹。比如说，潜逃的罪犯分子为了躲避警方的抓捕，可以一动不动的伪装成死人；源自心底的骄傲与自豪可以使人克制住病痛的呻吟；无私的关爱可以令身患绝症的人忍住辛酸的眼泪。甚至当精神受到刺激以后，出现了一些令人无法控制的局面时，自控力也能够将其牢固地控制住。一些精神上的疾病也可以通过强大的自控力来治愈，比如，一些肢体上的习惯性动作，像面部抽搐，手脚不知不觉出现的一些小动作，甚至就连一个人在生活或公共场合中所表现出的某些陋习也都能通过对自控力的训练而得到矫正。在生活中，人们常常会有这样的感受，一旦专心致志地读一本书时，两耳仿佛就听不到外界的声音；一旦聚精会神地做某件事时，就连饥饿也可以忘掉。当处于某些极其特殊的场合时，人本应该表现出来的明确倾向也会发生变化，甚至会变得完全不同，这也意味着自控力具有巨大的作用。此外，人有时候会不惜一切代价来坚持自己的看法、坚守自己的信仰，这同样也体现了自控力的强大作用。

自控力是人类躯体的主人

在现实生活里，能够刻意开发和训练自己自控力的人简直是少之又少，这让人感到非常遗憾。人一旦确立了正确的自控力，其各种思维机能就都可以被自控力所控制。我想大家都对“集中注意力”这个词语非常熟悉。所谓“集中注意力”就是一个人将自己的意识全部集中于某个物体或者一系列的物体之上。比如说，当我们去嗅手里两张沾了不同香水的试纸，会闻到两种不一样的香味。而假如我们将注意力集中到一种香水味道上，且全身心地去感受它时，那我们所闻到的香味就不会是两种而是一种。同时，这个例子也表明了自控力能够引发人的抽象思维。当人在进行某种单一的行动时，思维所表现出来的专注程度与力度，常常是自控力经过了长时间训练所产生的结果的一种体现。从这个方面来讲，注意力的集中程度也就是自控力的强弱的体现，即不论是人的思考过程，还是人掌握动机、事实、原则、方法的过程以及在人的自我控制能力的程度，都可以表现出一个人自控力的强弱。

因此，一个人必须对自己的行动或状态时刻保持高度的敏感。如果一个人很了解生理学和心理学的有关知识，那么他就会在集中注意力方面表现出非常大的潜力，他不仅能尽力去感受各种变化，就连身边的每一个细节所发生的微小变化，都能有所感觉。幼儿在其学习走路的过程中，也常常会表现出这种注意力高度集中的状态。在练习声乐时，练习者也同样需要高度集中注意力，要全神贯注去聆听每一个音符，并关注这些音符所形成的旋律。差不多所有工具或是乐器的使用都严格要求使用者的自控力的集中，一般来说，工具或者乐器的精密度越高，人操作起来难度就会越大，与此同时，就越要求使用者自控力的集中。正是就这一点来说，人们普遍认为，一个人如果没有强大的自控力作为支持，就无法练就一身卓绝的技艺。

所以，就像我们在上文中说的，一旦一个人的精力特别集中，那么他的视觉、听觉以及神经末梢的感觉等都可以提高一个层次。如果我们能够对注意力进行巧妙运用，那么就会发现它还可以被用来增加肺功能和肺活量，甚至还可以改变我们走路的姿势培养我们优雅的气质，更可以用来改变我们的讲话方式。由以上这些例子我们可以看到，当一个人处于强大的正确自控力的指引下时，一旦他将自己的注意力集中于某些方面，就会使某方面的能力得到明显提高。我们不妨通过研究阅读过程中注意力集中的程度来测试一下自己的注意力。阅读的正确方式应当是将注意力专注在书本中的文字上。著名作家科索斯就曾这样说过："如果我在读一篇文章的时候，无法理解其中的某一句话，我就会放弃阅读。"他的这句话恰好说明了这一问题。

不管是画家作画，还是音乐家演奏悠扬的乐曲，都离不开思想的高度集中。曾经有一位在一年之内创作了许多幅肖像作品的画家说过："当模特走到我的画板前时，我会全神贯注地打量他半个小时左右，在这期间，我偶尔会在画布上将他的轮廓勾勒出来。除此之外，我的头脑里不会思考任何其他事情，更不会在画布上再画些什么其他内容。当这些工作完成后，我会将画布卷起来并收好，然后再为下一位模特勾画轮廓。这样，如果我想继续完成第一张肖像时，就会将那张画布取出来，铺在画板上。只要我看到画布上的轮廓，就可以非常清晰地回忆起那位模特的样子，就好像看到他本人又一次站到我的面前一样。"

而自控力最为强而有力的一面，一般会表现在连续思考过程中。在这个过程中，思想不仅要触及每个问题的深处，还要将其最细小的细节挖掘出来，并努力对极其烦琐复杂的发展趋势进行探究。同时，更要花费精力对各种各样的事实真相以及它们之间的相互关系等多加关注，并且要对它们进行反复的比较、总结、分割、提炼。正因如此，诗人拜伦才会常常将自己与外界隔离开来，这样他才可以连续数个小时沉浸在辛苦的诗歌创作之中而仅与白兰地和水为伍。此外，历史上的许多伟大人物，如穆罕默德在麦加的山峰上，保罗在阿拉伯，但丁在冯特阿贝勒那的森林中，班扬在监狱里都曾做过长时间的沉思，而这些例子都证实了这样一件事：只有将思想与繁杂的外界相隔离，并将所有的精力都放在一件事上，才会诞生出伟大的思想。

众所周知，要想让自己的思想和注意力集中起来的一个最重要的方法，就是先让自己对眼前的事物产生兴趣。反之，如果一个人坚持通过运用意志，让自己的思想集中在眼前的问题上，那他也会对此问题产生浓厚的兴趣。同时，持之以恒地学习和不断深入地研究更会让人沉浸到所思考的问题中去，从而发现一些不为人知的新特征，而这些新特征又会更加吸引人们集中注意力去思考。学术研究这一活动就很好地说明了运用自控力能得到的回报。当人长期专注于某一问题进行思考时，头脑就会变得异常活跃，而且越用越灵。自控力也是如此，这就好比机器设备，在刚开始起动时，机器的效率往往不高，可随着使用次数的增加，效率和能力都会逐渐增高、增强。就像人们曾说过的那样："只要人们将所有的注意力和情绪都集中在曾感受过的慈爱和友善之上，那么，每个人的内心里都会充满爱。"

其他类型的情感和心理也同样如此，就连逻辑推理也是一样。有的人认为，人们之所以能够获得的伟大思想成果完全归功于突如其来的"灵感"，这样的观点简直是荒谬至极。事实上，一个伟大思想诞生所经历的推理阶段、创作阶段以及陈述阶段，都要靠强大的自控力来发挥引导作用。只有自控力才会让人的思想集中，从而激发出人的兴趣和灵感。

在人们的记忆过程之中，也随处可见意志的神奇力量在发挥作用。当人们进行"记忆"时，自控力常常会运用自身的能量为精神补充力量。当然，生活中的一些事情也会在兴趣的巨大影响下被记录于人的大脑之中。正像我们之前所指出的那样，当人处于受教育阶段时，得到自控力不间断地鼓励对大脑来说尤为重要。如果只是采取像和尚念经那样的反复机械朗读的学习办法，是根本记不住任何知识的。当人在记忆时，离不开注意力、集中思想与兴趣等诸多因素的参与配合。"切记！切记！"当你产生了这种想法时，就意味着自控力正在对你的思想发生作用。

记忆总是与想象力有着千丝万缕的联系。如果大脑无法回忆起过去的事情，那么大脑也没办法将想象的图景连接起来。想象力有着诸如强制性、目的性和控制力等一系列神奇的特性。因为弥尔顿有着十分丰富的想象力，所以早在他开始创作《失乐园》以前，就已经在头脑中描绘出了各种各样的宏伟景象。而当路德看到魔鬼世界，看到奥斯托德的绘画作品时，他恍然发觉自己竟在不经意间窥见到了艺术家那深邃的心灵世界。不过，歌德后来回忆起这次的经历时，曾说过这样一段出人意料的话："这是我有生以来第一次深刻地认识到，我居然还拥有这样的天赋，我可以通过对作品的潜心研究，想象出其作者的特色。"虽然我们的头脑中总会不时会冒出各种奇特的念头，但这些念头并不清晰，所以，如果没有付出大量的努力和心血，也就不可能形成这种丰富的联想。

法官在审理案件时，要在头脑里罗列大量的案例资料。科学家在发明创造时，需要先在脑海中将所研究的物体形态及其构造储存起来。军事家在策划军事行动时，要事先掌握与其有关的全部细节，并制订出周详的计划。总之，在成功的道路上，除了天赋，还要有自控力所发挥的积极作用帮助我们前行。

第3章 自控力赋予我们强大的力量

有一位作家曾经说过："自控力可以为人类创造力量，因此我们可以说，自控力就是人类力量本身。"从某个角度来看，自控力不仅代表着人本身，而且象征着一个人的品格。作为人的一种天性，自控力其实是一个人决定去做某事的愿望。这种人生来就有的想成就一番事业的愿望不仅会表露的很自然，有时甚至会很强烈。正因为是这样，人的行为才会变得更加理智和富有韧性，并始终坚定地向着既定目标前行。事实上自控力自身就是一种力量。假如一个人可以牢牢地掌控自己的自控力，并充分发挥它的作用，那么这个人的行为就再也不会被其他人或自我本能所牵制。人一旦受到了他人自控力、自我本能或欲望支配下的自控力的制约，就会在某种更强烈的刺激或引诱下，贸然采取行动。但是，能够进行自我掌控的自控力却不会这样，它们会在宏伟目标或高尚动机的指引下，采取坚决的行动，任何一时的冲动或自我本能都不能影响到它。一般来说，人如果完全为自我意志所控制，其一切行为就都能被置于理智与知识的指引之下。经过这种自我控制的自控力指引的人，可以合乎理智的完成任何事。自控力的作用不仅要像蒸汽机里的蒸汽那样强而有力，而且也要接受正确的控制和引导。当然，自控力这种力量也是能够进行训练和培养的，但前提是要在合理的控制和指导之下来进行。如何控制自控力完全可以由后天培养，而且这种培养必须要通过长时间有意识、有针对性的训练与自我完善来形成。一旦自控力得以充分地发展，而且可以进行自我控制与自我指引时，我们只要合理地运用它，就能让它的力量变得更为强大。

自控力的7种表现形式

在我们的日常生活中，自控力所表现出来的形式是多种多样的，但无论哪一种自控力都饱含着对成功的热切向往。自控力的这些形式总体概括起来主要有以下7种：

第一，坚忍不拔的自控力；

第二，安宁平和的自控力；

第三，自我勉励的自控力；

第四，精力充沛的自控力；

第五，自我克制的自控力；

第六，突然爆发的自控力；

第七，果断决定的自控力。

安宁平和的自控力，也称为静态自控力，它是一种积蓄起来的自控力，是人类的力量的源泉。就像光、热以及生命都源自于太阳一样，这种作为核心力量的自控力可以让人萌生不同的期望与要求，然后再以一种精力充沛的自控力，也就是动态自控力表现出来。突然爆发的自控力使大脑能够快速调动一切力量之源。当人的全部注意力都集中在一件突发事件上，全部的自控力都关注着它、服务于它的时候，因此而产生的力量简直是无坚不摧。

如果想克服困难，不仅需要有坚韧不拔的自控力，更需要有坚强的忍耐力。一些原本可以获得更加伟大的成就的人，却往往因为一个致命的弱点而无法继续向前，而这个弱点指的就是在需要发挥坚强自控力的时候没有坚持到底，从而没能获得最终的胜利。这一点，我们可以从他对生活中某些事的反应就能看出来。“做好应该做的，最后剩下的唯有忍耐。”这句名言已经成了能不能在关键时刻取得成功的经验之谈。“坚持到底就是胜利”这句老话很好地说明了自控力在这个阶段里所发挥的作用。可是，这句话并未将所有成功的要素囊括在内。要想获得最后的成功，不仅要坚持，更要持之以恒的坚持，这样才能到达胜利的彼岸。

精神上的执着离不开自我激励的自控力。如果我们把人生比作一艘小船，那么，自励的自控力就好比是这艘小船的舵手，指引人生之舟一往无前，无论前方是风平浪静还是惊涛骇浪，它始终向前行驶，直到抵达胜利的彼岸。几年之后，这种无所畏惧和坚定不移的经历就能使你驾驭自己的自控力，从而实现常人无法企及的梦想。

虽然自控力益处多多，但它离不开坚持不懈的精神以及非常自如的自我控制。这样的说法看似与自控力本意相互矛盾，可实际上并非如此。发动机虽然能为人们带来便利，可若不加以控制，它最终不仅会成为一堆废铁，而且会毁掉机器上的其他零件。而想让奔跑速度达到最快，也需要运用一定的技巧，并进行严格的训练。同理，对任何一个人来说，不管是让人前进的动力也好，还是能使人奋进的冲力或是使人变得坚强的自控力，都必须进行控制。一个人对自己的自控力能否加以控制，与他最终能否获得成功密切相关。而这，就是我要说的自我克制的自控力。

在大多数情况下，要想发挥自控力的作用，就要能禁得起各种各样的诱惑。有些时候，为了作出新的决定，从而实现一个更加可行性的目标，甚至要将正在进行的一切活动都终止下来，同时还要让它向后倒退。因此，每个人在其一生中，常常要做出快速决断，并需要在发生突发事件后，将一切资源和力量都集中起来，以便应付各种困难、跨越各种障碍。这就是果断决定的自控力。

不论是在日常生活中，还是在特殊情况下，以上7种自控力的表现形式都是需要具备的。只要我们对它们稍作分析，就会发现自控力可以为人的心理所提供的巨大帮助。

自控力为我们找到人生目标

接下来，我要在这里为大家讲一个对心理健康有益的有关心理治疗的例子。有这样一个人，他拥有坚强的自控力，他说："我一定要做成这件事。"不久以后，他所说的那句话开始融入了空气，并随风飘散，传到了各个地方，在夜晚的星空闪烁，在明媚的阳光下飞舞，在清澈的小河里流淌，在广阔的大海中歌唱，在甜美的睡梦中呢喃，在繁华的都市里吟唱，最终，自控力占领了他的整个身心。

他已经在心理上具备了成功的因素。当他走路时，不会再像盲人那样找不到明确的目标。他的信仰比任何时候都坚定，他用一双敏锐的眼睛审视着周围所发生的一切。一旦他的目标得到了良知与社会道德的认可，那么不管需要历经怎样的艰辛困苦，他都会让自己的目标实现。

人之所以会失败，大多是因为缺乏目标。生命的本质一旦被欲望所蒙蔽，那么他们所拥有的一切就都是暂时的，即使有些人获得了成功那也只是因为幸运。所以，拥有一个明确的目标对于人的一生是非常重要的。在我们身边，这样的例子比比皆是。无论在哪里，明确的目标都可以将平凡的小人物慢慢培养成管理者，同样也可以让管理者成长为领导者；它还可以帮助穷人摆脱贫穷与苦难，让中产阶级成为上流阶层；将那些无益于社会的人变成有益于社会的人，将有益于社会之人变成栋梁之材。

那么究竟要确立多少个目标才好呢？答案是：一个。一个目标要远远好于多个目标。这就好比是一场赌博。如果一个人能把所有的精力都集中于唯一的一个目标上，那么当他将手中的牌全部翻开后，就很有可能成为富翁。这个比喻或许不是非常恰当。可事实上，一旦一个人下定决心去实现一个目标，他就会尽全力去了解与这一目标有关的所有细节，甚至达到对其了如指掌的地步，这无疑大大增加了成功的概率。

和他人相比，每个人都有独属于自己的长处和天赋。而坚忍不拔的自控力会将每个人身上的天赋所具备的独特的优点发掘出来，并进一步开发利用，把它变成成就事业的动力与源泉。当你在自控力的指引下寻找自己的目标时，天赋的力量就在逐渐显现，而一旦目标确定，自控力就会从寻找目标转变为寻找实现目标的途径，并逐渐为你解开目标的本质。

据说，格兰特将军曾经一度被认为是一个一无是处的人。幸运的是，他在美国爆发内战时，发现了自身的价值。他发现自己无比酷爱与军事有关的一切工作，因此，在所有与战争有关的细节工作以及大规模的宣传活动中，他都会做到全身心的投入。由此，他终于找到了一个让自己自控力得以施展的大好机会。林肯总统说："格兰特之所以伟大，是因为他对自己目标的持之以恒，而且非常冷静和执着。他稳重、自律、豁达开朗。他好似一只顽强的猎犬，一旦将某种东西塞进了嘴里，就牢牢地咬住，不管碰见什么事情都不会轻易松口。"

自控力要符合道德的制约

有时，我们在评价一个人时，会用上"目标单一"这个词，而在上文中我们也提到，自控力要有一个明确的目标，那么，是不是只要执着于一个目标并为之努力就一定会成功呢？答案显然是否定的。尼禄因对一个目标的执迷，差点毁掉了整个罗马城。亚历山大大帝也是一个拥有强大的自控力，并能对某个目标持之以恒的人，结果却在狂欢作乐中丢掉了性命。由于执迷，加菲尔德总统被暗杀；同样是因为执迷，西班牙遭受了毁灭性的灾难。由此可见，如果自控力得不到正确的发挥与使用，那很可能会带来无可挽回的灾难。

而只有社会道德的制约，才能使自控力上升到一个至高的境界。

唯有以道德的保护为前提，自控力才能得到升华。如果一个人很优秀并且符合道德规范，那我们就常常会用“品德”一词来概括他的人格，而“品德”恰好就是自控力的第三个阶段，即符合情理的目的。一旦自控力具备了正当的、符合情理的目的，就能够对一个人的人格进行塑造。正当的自控力会令品格形成最伟大的目标。而在这种伟大目标的激励之下，品格又会产生正当的自控力。

人与其理想和自控力之间是相互依存、相互促进的关系。如果一个人在持之以恒地坚持一个目标的同时却不具备正确的想法和目的，那这样的坚持必然是不合理的。道德的意义本来就蕴含在生活之中，只有所追求的目标与社会道德标准相符时，生活中各种目的、手段以及结果才是正当合理的。也只有如此，人们才能为自己所拥有的自控力找到最好的解释。

人类是唯一拥有自控力的高级动物，除此之外，其他任何动物的意志都只不过是一种本能的反应，甚至可以说就是一种条件反射。但人的自控力却完全不同，自控力的合理性能够在道德的不断完善中逐渐得到加强。在这种道德与力量的相互协调之下，自控力可以让人的行动变得更加充满理性。

可是，道德并不是那些技艺精湛的魔术师。实际上，那些为了实现最终目的且全心全意成就一番善举的自控力，充其量只是能够进行自我指引的理智赋予人的一种力量。我们都知道道德会自始至终贯穿于人的一生，与此相同，要想让自控力变得更加充满力量，也需要进行长时间的训练，这样才能培养出敏锐的洞察力，才可以看清楚事物，特别是正当合理的事物的本质；也要更加勤于思考，学会分辨善恶，要对善举宽宏大量，对邪恶的东西坚决抵制；要不断丰富自己的想象力；要充满激情地去对待品格、成功、理性以及事物本身；要乐观向上、训练有素并且要学会推理和分析；要懂得对真理进行激发、运用和掌握；要拥有宽广的胸怀，强烈的社会道德感，要坚持不断地汲取各种丰富的营养对自控力进行灌溉。总而言之，符合道德的自控力才是最高级的意志，它不仅要求人们不断地对自身进行深入细致的考虑，而且要对计划、方式方法和结果进行慎重的考虑。

在人生的道路上，只有一心一意地忠实于一个目标，才有可能取得成功。而只有将某个目标提高到人生准则的高度，才会使自己的心灵得到升华。曾经有一位银行家说过：“成功的首要条件就是要有敬畏之心。”

一个活力四射的人就好像是一个昼夜不停运转的工厂，这就是创造的力量。在劳动的过程中，离不开各种力量的参与。当所有职能部门都集中精力投入到生产之中，整个工厂就会呈现出一片繁忙的景象，时时刻刻都有精良的产品诞生。一个人若是将全身心都投入到工作当中，就会产生一种任何人都无法动摇的自信。这种对工作的热情与执着令他忘记了疲倦，始终坚守在自己的工作岗位上，其投入程度甚至会令别人感到惊讶。而此时的他就正处于自控力的激励、督促与控制之下，这样的自控力让他的决定变得更加果断，他与生俱来的优秀的天赋在这里得到了尽情发挥。在先贤与圣人劝诫之词的激励之下，他用永恒的准则来鞭策自己，不断进取。

在这种伟大自控力的引导之下，他开始向着自己既定的目标努力。在这里，我们有必要留意一下有关自私自利的问题。因为一颗健康的心永远都是最善良的，但一颗自私的心却永远不可能是健康的。可是，如果想要健康的心保持健全，那就要从自身开始培养利他思想。很显然，我们的社会离不开健全的人，因为他的身上会体现出许多优秀的品质，而社会需要他展现并保持自己最健康的一面。任何事物都存在一条这样的法则，即必须持之以恒的奋斗，努力将自己打造成一个方方面面都优秀的人，而这些法则中首要的一条就是要拥有一颗健康善良的心。

当这条法则逐渐变成了人们做人做事的准则以后，第二条法则也应运而生，那就是对他人和社会有益，换句话说就是要服务于他人。因为自控力的作用除了保持身体健康，还包括使人不断进步，维护正义以及让道德水准不断得到提升。在这个崇高的理想里，无论哪一个细小的部分都是非常重要的。自控力一旦经过严格的训练，就会将所有细节都视为意义重大的活动。

第二篇

自控力与感知训练

第4章 训练自控力的7大原则

看到这里，不少读者可能会有这样的疑问："为什么要在这本讨论怎样提升自控力的书里，专门用这么大篇幅来谈论关于'感知'的问题呢？感知不过是一种原始低级的东西，而且与自控力没有丝毫的关联！"可是，请各位读者们一定要注意，在罗伊斯所著的《心理学概论》里，曾经对感知有过这样一段论述："在人类成长的所有阶段中，频繁而正确地运用感官都是维系和发展精神活动的前提。无论要培养哪种最高层次的内在精神生活都离不开对感觉器官的培养。"

与理智生活、感情生活以及理想生活相比，感知生活不仅不是一种层次比较低的生活，更不会与前三者相排斥。恰恰相反，感知拥有着一种特殊的作用，可以说，在人们的精神生活的每一个高级层面当中，都存在这一作用，而且特别重要。例如，当我们去刻意训练自己的抽象思维时，就应该在训练设计中设置一个能够培养我们的感觉器官的计划。不过我们要特别注意，当执行这一培养计划时，绝对不能因训练某种特定有用的能力而对其他感觉能力有所忽略。

接下来，让我们一起进入培养自控力的实际训练阶段。虽然这一部分只是一些比较初始的介绍，可是却特别实用。希望各位读者们不但要细致地阅读，更要抱着付诸实践的目的认真学习与研究。接下来，我们先向各位读者介绍一下所有训练都要遵守的一些基本原则。

原则1：思想与自控力是不可分割的

思想这种既具有连贯性而又充满智慧的东西往往与自控力是并驾齐驱、不可分割的。如果你针对某一目标进行训练，就会很容易发现这一点。自控力在孕育伟大光辉的思想的同时，也获得了一个源自思想的反作用力，而且这种反作用的力量会随着自控力的增强而增大。

对于自控力而言，这一点完全不需要通过系统化的训练就可以体现出来。但是，假如能进行专门的定期训练，那么将全部注意力都集中在一个所期望的目标上，并以此激发出人们提升自控力的强烈愿望就成为了可能。

请各位读者将“我一定要拥有强大的自控力”这句话铭记于心吧，因为，这句话蕴含着巨大的价值。

原则2：身体是自控力的生理“能量场”

如果专门针对身体的某个特定部位或者思想而进行训练，那么其他部位也会随之受益。

如果对身体某个部位的训练，对身体的其他部位也有益处。

针对身体的训练，也可以让思维能力得到提高。

而针对思维能力的训练，也可以促进身体不同的功能和器官的发展。

我们将会看到以上这条具有普遍性的原则，从以下事实中得到证明。假如你每天刻意去锻炼一只手，那么你就会发现，另一只手的抓握能力也同样会相应的增强。因此，在斯克里普彻（Scripture）教授的《思考、立志与行动》一书中有过这样一段话：“我甚至无法相信，有些作者居然声称，不管付出怎样努力去练习，依然不会改变任何现状。根据我们在健身运动中所得出的普遍经验来看，这样的结论很明显是错误的。从我曾经指导过的一些实验来看，无论是何种程度的练习都会带来不同的变化，而且这样的变化几乎天天都在发生，而且练习者也可以清楚地觉察到。”

让人们感兴趣的是，某些能力虽然得到了提高，可却并不是因为对它们进行的专门训练。在上文有关抓握能力的训练中，第一天的训练内容是：尽你最大的努力去锻炼左手的抓握能力，训练次数为10次。实验结果表明，得到锻炼的左手的抓握力大小为15英磅，而没有得到锻炼的右手同样也是15英磅。然后，让实验者专门锻炼右手，就这样，几乎天天都相同的练习持续了11天。当进入第12天的时候，我们惊奇的发现，右手的抓握力已经为25磅，而就在这一天，左手的抓握力居然也有21英磅，这意味着，当我们训练右手这段时间里，左手的抓握力也增加了6英磅，左手在右手锻炼的带动下几乎增加了原来1/3的力量。在培养自控力的训练中，思维能力所得到的训练与对手进行的训练是相同的道理。实际上，我们所进行的一些持之以恒、目标明确的身体力量训练，一般都会让自控力得以增强。斯科里普彻教授也非常赞同这一观点，他说："目前，已经有了不少关于身体训练与自控力之间的关系方面的讨论。我认为，我即将谈到的内容就能够充分解释，我们之所以可以通过某种行为能力的变化来作为自控力变化的指标的原因。毋庸置疑，体育运动可以增强人体的活动机能，而与此同时，与此运动相对应的自控力也会有所增加。这个结论很显然是正确的。我们注意到，在经过一段体育锻炼后，虽然我们从肌肉上观察不到任何微小的变化，可是某种相应的行为能力却在逐渐增强。在这里，我并不是要说，与未经过锻炼的肌肉相比，经过锻炼的肌肉在做同一件事时没有表现出很大的差异。我只不过是想说，很多力量的增强或减弱有时仅仅是由自控力的变化所导致的。例如，尽管桑德（文学作品中的人物）长得十分强壮，可是却没有人认为他的自控力比其他人更强。可是，桑德的力量却逐渐在发生变化，虽然其中一部分是源自于肌肉力量的改变，但主要还是因为他自身的自控力发生了改变。如果你试着在桑德非常虚弱的时候去激怒他，那后果也许是非常严重的。”

原则3：训练洞察力是训练自控力的开始

如果我们想对自控力进行科学的训练，那就必须先从洞察力的训练开始。洞察力是促进精神发展一种动力。当人们在获取精神生活的原始素材时，感官是最普通的探索工具。可是，既可以很好地关注自己的感觉，又可以充分利用自己感觉器官的人的确是寥寥无几！而这一领域也常常被人们所忽视。

原则4：观察是自控力得以提升的首要条件

观察力的差异是人与人之间一个非常重要的区别。我们所说的观察力是指人们看、听和感知事物的一种能力。在我们的生活中，有些人可以察觉到事物表面的许多方面，而有些人能够抓住的东西却非常少。有些人不仅可以察觉到事物表象的各个方面，而且可以透过表面观察到内在的实质，可是在相同的情况下，有些人却既无法看清事物的表象，也没有办法探究到其内在实质。作为一个正常人，人人都有听觉、视觉以及神经系统，可是有些人却根本不会去听，去看，去感觉。对于这样的人而言，拥有强大的意志无疑是一件可望而不可即的事情，因为在这个瞬息万变的世界中，他们总是被牵着鼻子走。

因此，要想提高我们的自控力，就必须要先进行观察力方面的训练。学会用眼去看，用耳去听，用大脑去感觉事物真实的面貌是每一个人必须要做的事情。斯克里普彻曾经说过："人的视力并不是仅对那些直接进入视线的事物才有感觉，它可以用来观察所有事物。在观察的作用之下，视力会变得无比神奇。""看的艺术"，是我们每个人应该首先学会的一课，可惜的是，直到现在为止，我们中的大部分人在未得到这方面应有的培养之前就已经进入了学校。事实上，在生活中，让孩子们学会如何去看的正确方法有很多，而学校里的一些具体课程却往往会对如何正确去看起到阻碍作用。假如一个人无法学会如何去看，那么他终其一生就只能在原地徘徊。

在这里我向大家推荐一条普遍适用的格言，那就是：切记，要想培养我们的自控力，就必须从持之以恒地培养观察力开始！自控力一定要有力地参与到各种感觉器官的运用中去——这是所有训练都要遵循的准则。

原则5：让自控力在训练下成为一种习惯

我们必须要对自己进行系统的训练，而且要一直将自控力视为一个永恒的追求目标铭刻在自己的头脑中，这样就可以形成一种习惯。坚持练习能够培养出持久的毅力，而持久却会反过来让练习变得更加完善。爱默生有段话说的非常好："训练是一个人气质的第二代替品，它是一种形成习惯和常规的力量。"与一匹阿拉伯马相比，一匹已经习惯拉车的赛马更适合做这件事。而那些可以被称之为"大师"的人都说过，通过观察一个人弹琴时的按键姿势就可以判断出他是否是音乐上的行家。实际上，要想非常娴熟地掌握某件乐器是特别困难的。如果没有成千上万次的操作，那就很难学会去运用某种工具；如果没有无数次的加减乘除的演练，那就根本无法掌握计算的技巧。这就是我们常说的熟能生巧的道理。

英国哲学家托马斯·里德曾经说过："不仅是正常的成

年人，就连儿童、傻瓜甚至家畜，都可以通过种种行为习惯来获得很多他们原本不具备的感知能力。”这些后天能力都是经过长时间的训练而获得的，而这些能力的背后，是坚持不懈的自控力在起支撑作用。也许为了锻炼这些能力你每次并不需要付出很多，但关键就在于必须持之以恒地坚持下去，直至成为习惯。

原则6：合理计划决定着训练的效果

从很大程度上来说，自控力会取得何种训练效果是由训练的活动安排而决定的。因此，我们在进行训练时不仅要制订出科学合理的训练计划，还要注意休息，要做到张弛有度。如果你将训练计划定为10天，那么你可以在坚持训练了5天以后，在诸如周末这样的日子里适当休息一下。

原则7：驾驭我要做、我想要、我不要三种力量

只有当你对成功充满了自信时，你才能凭借自己强大的自控力去获取最后的成功。因此，培养一个人的预期心境是非常有必要的。无数的科学实验结果都表明，预期心境与成

功之间的关系是非常重要的。由于本书的篇幅有限，在这里我就不再一一赘述了，但其核心观点是：一个人的思想越积极，成功的可能性就越大；反之，一个人的思想越消极，失败的可能性就越大。以下就是这种相互关系的几条准则：

1. 一定要将目标设定在自己能力允许的范围之内。

2. 当你有权利去选择施展最后努力时机时，一定要选择身体和精神状态都处于最佳状态的时刻。

3. 在头脑里反复铭记“我应该而且必须要获得胜利”。坚决抵制任何头脑中出现的动摇的念头，对一切“可能失败”的想法予以蔑视。

4. 在思想中，保持活跃的思维能力；在精神上，不断提醒自己，应该而且一定会获得自己所追求的东西。

通过想象，你可以告诉自己：我要拥有健康的体魄：我要变得更加富有；我要获得生活中更加美好的东西；我一定要得到它们。我竭尽所能地在工作中实现我所追求的目标，我必须要得到它们!假如这些想象看起来有些脱离实际，那么你只需要在头脑中牢记：我目前的精神状态是乐观向上的，这一状态正好与那些消极悲观的境况完全相反，而后者正是应被抛到九霄云外去的。假如由于受到消极思想的影响而生活在牢骚、无聊、失落、空虚中，那么积极的思想就不可能实现它所追求的伟大目标。

第5章 视觉训练

眼睛是心灵的窗户

对于每个人来说，眼睛就像是内心的一扇窗户。通过这扇窗户不仅能够看出一个人是否诚实，而且可以看出一个人是否具有能力。眼睛能表达出人类的思想与情感。当人们在凝视时，眼睛会在自控力的感召下变得神采飞扬。我们的眼睛所展现出来的喜悦、害怕、厌烦、爱慕、渴望等，都是人们内在的情感力量对眼睛所产生的深远影响。因此，只要自控力一声令下，这些内在情感就能像在舞台上演出一样，通过眼睛进行伪装。虽然对我们来说，眼睛是观察事物的主要器官，可是对它适用的法则也一样适用于其他感觉器官；不仅如此，所有发生在大脑中枢任何地方的一个活动过程，都能够作用于其他地方，而且此过程还会以各种各样的方式对整个身体产生影响。

根据这个法则，我们还可以以训练各种感觉器官的方式来对自控力进行培养。无论哪种特定的训练，都会多多少少地对整个人体产生影响，也就是说，会对所有器官调动起来的自控力的总和产生影响。

苏利教授曾经说过："一个失去了视力的人或许仍然能够想象出人们能够看见的物体。此时大脑在工作时已经完全脱离了外界的刺激，因为大脑早就习惯于通过以往外界刺激所产生的反应方式来进行工作。"可是，大脑是无法对那些从未见过的事物进行想象的。

人在自控力的作用下，能将所有的能量都集中在身体某个特定部位上去。当我们把注意力全都放在身体的某一个部位时，血液就会在这种指引下流向这个部位。把注意力集中在眼睛上，就会滋养眼球神经。当聚精会神地注视着一样东西的时候，血液就会充分的供应到所有视神经根源处的神经节处，视觉末端器官以及眼睛周围肌肉也将会在很大程度上被激活。因此，我们可以利用集中注意力的办法来使视力得到增强，因为在这里，源自于身体内的能量被指引到一些特定的肌肉上，所以我们说，肌肉也在这一方法中起到了一定作用。当一个人的注意力高度集中时，就会感觉到紧张或是全身绷紧，这就说明是肌肉在发挥作用。正如费希纳所说："当一个人目不斜视时，就说明他的眼睛在用力；当他耳不旁听时，是耳朵在用力；绞尽脑汁时，是大脑在用力。"

由此，我们能够得出这样一个结论，当我们目不转睛地看着一件物体时，运动中枢就会传递出一股神经的力量，这股力量中的一部分会达到身体各部分的肌肉，主要是达到让眼球转动的视觉肌伤，另一部分则会传送到感觉中枢上，这样一来，感觉中枢就可以接收物体留给视神经的印象。

如果一个人的手臂瘫痪了，那么他显然是无法握手的，可是由于他用力了，这种肌肉作出的努力就会表现在身体的其他部位上。

也就是说，引发神经力量或引起神经兴奋的各种刺激可以被划分为两种类型：一种是身体上的；一种是精神上的。一切来自自然界的刺激，如光、热、声音、味道以及各种物理化学的或与电有关的刺激，都可以对我们的身体形成刺激。而自控力与思维的运用则可以对我们的精神形成刺激。所以，自控力就是一种隐藏在视觉背后的精神力量。

在说明这一问题的时候，著名的心理学家詹姆斯教授曾经举过这样一个例子：有一个女孩从生下来就没有四肢，虽然她不可以用双手比画出她想表达的意思，但她却能够像其他兄弟姐妹一样，快速且准确的判断出所见到的物体的形状和距离。

在生活中，与此相类似的例子还有很多。在希腊的梅德拉岛上，住着这样一个人，他在过去的30年里一直习惯于到岛的山顶上拿他的邮件，而且还在那里观察来往船只的去向。不管哪艘船，不管距离多远，只要他向船只的方向走过去，就能准确地叫出它的名字。可在普通人看来，那艘船只不过是地平线上一个朦朦胧胧的白点。培养出这种能力的长时间训练充分体现了自控力所发挥的作用。自控力越强大，眼睛的视线就会越好，观察事物的能力也就越强。如果你坚持训练自己的视觉，不仅能够让你的视力得到提高，还可以将更多的能量输送到那些与视觉有关的神经中枢中。我们也可以这样讲，一切针对眼睛的正确训练都可以让那些控制眼睛的力量（如自控力）得到增强，但前提是必须要在视觉训练中尽量运用它们。

因此，在接下来的训练中，你一定要集中精力，消除一切杂念，全身心投入。刚开始，你可能会感觉比较困难，这是因为你的肌肉和神经需要特别努力。不过，只要你能持之以恒地坚持下去，这种不断完善的自控力就会逐渐变成你的第二本性。

视觉训练的11种方法

训练第1法

在室内或者室外找一样物体，例如一把椅子或者一棵大树，然后，将全部注意力都放在这一物体上，注视着它，并且尽量让眼睛放松一些，不要过于紧张。现在，根据你所看到的物体的大小，估算一下它的尺寸，然后，再看一下它与你以及周围其他物体的距离远近，再观察一下它的形状，看一下它与周围其他物体的形状有什么不同。仔细地观察一下它的颜色，看它与附近的环境协不协调。假如协调的话，那种协调感又是怎样的呢？假如不协调，那么原因何在？分辨它的质地，找出它的制造材料。想想它到底有什么用，它真的发挥了它的作用了吗？它还应该在哪些方面进行改进？这些改进要通过什么途径才能实现？

当你在对这一系列信息进行查找时，你的大脑就会以这些相关问题为中心开始运转。在刚开始的时候，你也许会认为这样的训练有些困难，可是一旦训练的时间长了，大脑就会自然且快速地对这些问题做出相应的反应。现在，请你停止对这一物体的注视，然后拿起笔来将你所能记起来的全部信息写出来。你可以将一个物体作为目标，将这一训练重复10天，在这期间，你可以采用劳逸结合的方式，休息2天，可以将其中一天的休息放在星期天，当到了第10天时，你再观察这个物体，看看自己有没有取得进步。

训练第2法

用中等的速度走过自己的房间，或者进房间里走一圈，尽可能快速地观察很多物体。然后，走出房间并把房门关上，拿起笔来，将你刚才所看到的物体全部写下来。而此时，要完全以你头脑中留下的印象为依据，而不要去想那些你早就已经知道的信息。同上一个训练一样，将此训练重复练习10天，中间可以适当休息，当到了第10天时，再看看你是否取得了进步。在这个训练结束的时候，再次进入房间里，仔细检查一下，还有哪些东西是你从来不曾注意到的？然后，计算出你的错误的概率。

训练第3法

准备好30颗大小均匀的大理石石子，其中红色、黄色、白色的石子各10颗。然后，把这些石子放进一个没有盖子的盒子里，并将三种颜色的石子完全混合在一起。现在，双手快速在盒子里抓起两把石子，当手离开盒子后，就马上放手，让这些石子从手中散落到桌子上或者地板上。当石子全都落下后，快速看一下这些散落的石子，然后转过身去，凭着自己的记忆（千万不要猜测）将每种颜色的石子的数量记录下来。将这一训练重复练习10天，中间可以稍作休息，到了第10天时，看看自己是否取得了进步。

训练第4法

准备50张边长为2英寸的正方形纸片，在每张纸片上，都用清晰工整的字迹写上一个字母。把写有字母的一面朝下，分散地摆放在桌面上。随机抽出10张纸片，然后将它们快速翻过来，让带有字母的一面朝上，在桌面上散开。现在，在非常短的时间里，仔细看它们一眼。然后转回身，凭借自己的记忆将刚才看到的字母记录下来。接下来，再抽取另外10张纸片进行这一训练。这样的训练每天可以练习3次，坚持10天，期间可以适当休息。当到了第10天时，看看自己比第一次练习有了多大的进步。

以上所介绍的这些训练方法每天都要坚持练习，而且至少要能坚持10天。假如可以长期地坚持下去，一定会提升你的注意力和自控力。但应该注意的是，以后的训练也要根据前面所提出的要求来进行。

训练第5法

尽量将眼睛睁大，以无不适的感觉为宜，不可过度。让眼睛正视前方，同时要保持注意力的高度集中。观察你视野范围内的一切物体，眼球必须要一动不动。保持10秒钟以后，将视线收回，并拿起笔把能够回想起来的所有物体的名字记录下来。一定要靠自己的记忆，而不能靠之前已知的信息进行记录。将这一训练反复练习10天，期间可以适当休息，就像以往的练习一样。需要注意的是，每当进行这项训练的时候，一定要保持相同的站立位置，朝相同的方向看，而且要以相同的方式进行练习。当第10天训练结束后，看看自己是否有进步。

训练第6法

重复训练第5法所提到的练习，除了调整每天观察的位置视野以外，其他方面均相同。在坚持练习10天后，看看自己是否有进步。

在这两个训练方法中，值得我们注意的是：在数秒的时候，也许会比原来设想得要快。因此，在进行练习以前，你可以先规范一下数秒的速度，你可以一边看着时钟的秒针，一边数。这样就可以保证你数秒数的速度与时钟同步。

训练第7法

双眼正视前方，可以自然眨眼，注视与自己相距10~60公分远的物体。将所有的注意力都放在此物体上。心中默默地数60下，即一分钟，但在默数的时候，一定要聚精会神地仔细观察。一分钟过后，将眼睛闭上，在自己的头脑中努力将此物体的形象勾勒出来。

有些人能够将这一形象勾勒地十分清晰明了，仿若实物；但是对于大部分人来说，这一形象也许仍然有些模糊。不管你所勾勒的形象是否清晰，一定要在脑海中努力将此物体的每个部分都尽力描述出来。一分钟以后，就不要再去看它了，要将物体每个部分的特征都记录下来，要相信你的记忆。这样的训练要每天重复10次，要选择10个不同的物体作为目标。与以往的练习一样，将这个训练重复练习10天，期间可以进行适当休息。每天都要对训练结果进行记录，而且要标明日期，在坚持10天后，看看自己是否有进步。虽然我们为这一训练所设定的周期为10天，但这种训练周期是没有时限的，只要你愿意，也可以一直坚持下去，而且这样效果会更加明显。

训练第8法

对眼睛进行专门训练，敢于凝视。在生活中，有许多人从来都不会注视着别人的眼睛，总是匆匆一瞥之后，就把目光快速地转向其他地方，不是看这儿，就是看那儿，飘忽不定。当某些公共部门的发言人在发表演讲时，从来都不正视下面的听众，或是看着天花板，或是盯着地面，或是目光在听众之间游走，而实际上他谁都没看。事实上，人的眼睛和嘴所表达出来的生动神情是很能鼓舞人心的。如果一个人想让自己的演讲更加成功，那么最重要的一环就是眼睛，这可谓是一条成功的秘诀。事实上，眼睛的直视是一种心理作用。无论是在大街上、商店里，还是社交活动、演讲台上，坦率直接的目光都会引起人们的注意，都会爆发出一种强大的力量。

我们可以利用人为的力量来造就一双敏锐的眼睛。而要想做到这一点，就必须将自己的思想全都集中到"心灵之窗"上。一个人能将多少思想投入到观察之中，就能够从生活和自然中获取多少。要想对实际情况进行掌握和理解，就一定想把自己的思想投入到实际之中，积极主动地去攫取真实的信息。一个人眼睛里所表露出的思想常常说明其能力的大小。所以，要不断地训练自己，让自己不管遇见什么人，都能够用沉稳的目光直视对方，但这种直视绝不是死死地瞪着对方，而是使对方不能超出你的目光范围。当我们在进行这项训练时，一定要注意，必须要让眼神能够表露出自己的思想，睁大你的双眼，用真诚友好的目光看着对方。如果只是机械地瞪大双眼，那只会让人感觉你呆板无知，因为在你的眼神里完全看不到自控力的力量。

训练第9法

将自己的注意力高度集中，然后盯着前方8～10英尺外的一个小点，聚精会神地注视着它，在这个过程中，可以自然地眨眼，别让双眼过于紧张，而且一边看一边心理默数50下。将自己的思想全部集中在“运用眼神直视”这个想法上。在此想法的背后需要你保持一种巨大的约束力：我正在运用自己的自控力！我在强迫意志进入眼睛里。

与以往所提到的训练一样，将此训练重复练习10天，期间可以适当休息，同时，在练习过程中，将默数的次数逐天递增20下，这就是说，第一天默数50下，第二天默数70下，第三天默数90下，以此类推。

训练第10法

目光呆滞的凝视只能表露出空洞与软弱。沉稳直视的目光不仅应该光彩明亮，而且应该活力四射。透过双眼所表露出来的内心只要是真诚的，那么眼睛所拥有的力量就会慢慢变大，而且会让你受益匪浅。

将眼睛睁大，凝视着房间内的一个物体，目光要坚定自然，也就是说，你可以正常眨眼。将全部的精神都集中到眼睛的注视上。注意，一定要将全部的思想集中于眼睛上，而不是眼睛所注视的物体上。除了物体什么都不要看，一定要让眼睛的余光遍布在物体的周围。将你全部的力量都集中在“看”这个动作上。这个方法可以多尝试几次，但一定要适当休息，别让眼睛过于紧张或疲劳。

现在，你可以随便想象出一种情绪，而且将它表现出来，然后尽量让这种感情通过你的目光表露出来。比如，假如要表现出对某种事物产生了极大的兴趣，眼神中就流露出兴奋的光芒；假如沉浸在喜悦中，眼神中就会焕发出愉悦的光彩，但记着，千万别只像个小丑那样咧嘴傻笑；假如是无比地憎恨，就用眼睛愤怒地瞪着墨水瓶，眼神露出的憎恨目光甚至都可以将覆盖住整个墨水瓶。通过上面的练习，你就能学会各种情感的眼神表达。

这一训练需要每天重复练习，而且最好能够坚持几个月。这种付出绝对是值得的，经过一段时间以后，你就会发觉自己的眼睛变得非常神奇，而且自控力也会随之增长。

一旦这种将精神的力量投入到“注视”中的诀窍被你灵活掌握了以后，就一定要尽量坚持用这种充满力量的眼神去注视你所遇见的人与事物。要习惯于将全部思想都集中到观察物体的眼神上，而不是只单纯地将眼神放在物体上，同时还要对意志的存在有着清楚的意识。换句话说，要养成一种直接、有穿透力的注视习惯，同时一定要避免流露出空洞或蔑视。当小孩子对某种东西产生了浓厚的兴趣时，只要这个小孩不是襁褓中的婴儿，他的眼睛就会变得神采奕奕，饱含着灵性与活力，就像磁石一样具有吸引力。当人们处在孩童阶段时，他的眼神中似乎有一种能够让罪犯都感到心慌的力量，神奇的让人无法想象。在4岁的儿童、慈祥的母亲、正义的法官的眼神里，透露出的都一种真诚、坚定的力量。因此，正直与诚实，就是这双眼所拥有的两大奥秘。

训练第11法

到现在为止，我们已经掌握了把思想集中于视觉上的艺术，而且也学会了怎样通过自己的眼神去表达内心的坦率和诚实，同时，我们也懂得了去注意观察、去认真分辨、去熟悉我们周围的一切，以及你所路过的大街小巷上的一切。养成一种用敏锐且准确的眼光对事物进行观察的习惯。有人说，当一位旅者来到西伯利亚时惊讶地发现，那里的居民能用肉眼观察到木星周围的卫星。但我们中的许多的人却对自己一生中每天都经历、看到很多事物视而不见。一双受到自控力支配的眼睛，就好像是一位一丝不苟的管家，时时刻刻监管着我们生命里的各种价值。布朗宁用优美的诗词对这一富有哲理的象征进行了说明，他写道："德国人勃姆从来没有留意过一草一木，突然有一天，他在一次偶然的散步中惊奇地发现，原来花草树木也能言善道，于是他开始与之亲密地交谈。而就是那天，野菊花竟然长出了眼睛！"

众所周知，当面试官在面对某个应聘者时，其眼睛所表露出来的力量对这个应聘者来说是至关重要的。所以，当面试开始时，你最应该要注意的一点就是，在看着对方时，眼神一定不能躲躲闪闪，要表露出一种坚定、坦诚并且具有吸引力的目光。在与面试官交谈时，你可以稍微转移一下眼神的方向，可是假如你想陈述观点、提出某种建议或者要求，同时，又希望自己的某个想法能够让对方印象深刻时，你就必须直视对方的眼睛，目光坚决、沉稳、极具吸引力。一定要记住：只要你以坦率的目光去凝视对方，就可以在心理上达到胜利。此时，你就可以发现一条重要的规律：无论哪一种感觉器官的运用，它所带来的效果都来自于你所投入的意志的质与量。

假如一个人对自己的双眼坚决地说“我一定要增强自控力”，那么不久之后，他必然会将自己的目光训练得坦率而沉稳，饱含激情与活力。

第6章　听觉训练

听觉训练的重要性

“啊，在秋天还没有结束的时候，冬天的第一声预告就到来了。在一个深秋的早晨，成年雄鹿用它的脚，在薄薄的冰面上踢开一个饮水的小洞，随后，那层覆盖在池塘上的薄冰，一下就变得松动起来，变成一道道细小的碎冰，淹没在翻动的水花之中。”假如你可以通过勃朗宁的诗句想象出那幅美丽的景象，那么你也就能够听到诗句中的韵律。

我们姑且将天生的缺陷放在一边，如果一个人的某种感觉能力得到了改善，那么其他感官往往也会随之得以发展。一旦我们的双眼开始关注某种事物的时候，那么通常情况下，耳朵也往往紧随其后。这是进行沟通最原始的方式。但是，我要问各位，对于我们生存的这个世界，你曾经用心去倾听过吗？你所听到的准确吗？你听到你所期望的东西了吗？

声音是由空气中的振动而产生的。人类的耳朵对这些振动的接收能力是有限的。在这种自然的局限性之中，一个人可以发出的声音越多，其听力也就越好。失声就是因为听力上的缺陷和大脑出现呆滞造成的。

如果一个人可以听见一切声音，那么他所听到的是否就一定准确呢？他是否都在一直用心倾听呢？他能否对声音的语调、特性和方向进行仔细分辨呢？人的不同天赋和不同的受教育程度会带来听力方面的差别吗？这两者是否会产生差别呢？我们说，后天的教育确实会起到非常大的作用。所以，对于听力进行训练，开发听觉的潜能，很明显是极具价值的。

假如想要听清楚某个声音，就需要将其他一些干扰声音尽量消除掉，同时要带着最大的兴趣去接纳某种声音、旋律或者音乐。实际上，这一切都是由人的精神投入来决定的。一个人如果拥有活跃且敏锐的神经就能听见全部的声响，而一个人如果是愚钝呆板的则往往什么都听不到。

在自控力的作用下，我们也可以将听觉关闭。这就是说，对于某种声音来说，听觉是处于关闭状态的。当然，听觉也可以在自控力的作用下变得更加灵敏。“听见远处有一只鸟儿在唱歌！”“嘘！屋里有小偷！”要想对听力进行矫正和培养，首先就要解决自控力的问题，一定要具备持之以恒的自控力。从一定的程度上来讲，一个人对自己听觉的控制力可以反映出一些高层次的自我引导行为。心灵在受到教育与陶冶之下就可以乘着有力的翅膀，自由地飞翔在和谐的领域之中。但是，在刚一开始时，自身的感觉、思想与想象才是最重要的。倾听的最高境界就是要用心来听。在相同的条件下，一个人如果能够用心去倾听，就能听得最全面、最准确，而且他的鉴别能力也是最强的，注意力也最集中。

众所周知，盲人的听力是最敏锐的，也许正像心理学博士海茨菲尔特说的那样："盲人的听力之所以灵敏，并非是因为他们的听力强于正常人好，而是因为种种不幸让他们的听力得到了不断地训练，实际上，无论我们身体上的哪一种机能在经过训练以后，都会发生显著的进步。"

听觉训练的10种方法

训练第1法

将你的全部注意力都集中在听力上，数一下你能够听见几种声音。然后，认真地听，努力辨别出这些声音方向、声源、声调、强弱程度、特性以及组合方式。将这个训练方法重复10天，期间可以适当休息两天。当到了第10天时，比较一下自己所获得的进步。

训练第2法

在你听见的所有声音中，选出一种略为明显的声音，并认真倾听，然后对其进行描述，看看自己的描述是否够详尽。将这个训练方法每天重复10次，每次都用不同的声音去练习。然后将这个训练坚持10天，期间可以适当休息两天。当到了第10天时，比较一下自己所获得的进步。

训练第3法

在你听见的所有声音中，选出一种能够听见的最微弱的声音。并在这个过程里，试着去发现一些你以前没有留意到的一些规律。对这个声音做出一个详尽的描述。将这个方法每天重复10次，每次都以不同的声音为目标。坚持练习10天，期间可以适当休息两天。当到了第10天时，比较一下自己所获得的进步。

训练第4法

在你听见的所有声音中，选出一种你可以常常见到的、有规律的声音。然后，用心去关注这种声音。尽量让自己沉浸在这种声音里，一心一意地倾听，将它值得描述的特征全部都找出来。将这个方法每天重复10次，每次都以不同的声音为目标。坚持练习10天，期间可以适当休息两天。当到了第10天时，比较一下自己所获得的进步。

训练第5法

在你听见的所有声音中，选出一种你始终都能够听见的而且最让你感到愉悦的。认真思考一下它为什么会如此的美妙动听，但千万不能沉迷于其中无法自拔。将这个方法每天重复10次，每次都以不同的声音为目标。坚持练习10天，期间可以适当休息两天。当到了第10天时，比较一下自己所获得的进步。

训练第6法

让自己的心平静下来，认真去聆听由手风琴演奏出来的一段旋律。当演奏结束以后，试着仅凭着头脑中的记忆对这段旋律进行一下回顾。虽然你刚开始仅仅能够做到想起一两个音符，而忘记了旋律的大部分，但是假如你一直坚持进行这种练习，久而久之，你就可以在头脑里还原那些刚开始常常遗忘的曲调。我就常常用这个方法，在脑海中重现一段旋律。你应该将这个训练方法作为一个长期的功课来做。

训练第7法

你可以让你的朋友在旁边一个接一个地按钢琴的琴键。此时，你最好背对弹奏者，将所有的注意力都集中在对各种声音的辨别上，辨别它们是尖锐还是沉稳，辨别它们的音调以及每个音符的名称。在练习时，你可以这样来进行：重复练习单手弹奏两个键；重复练习双手弹奏四个键；重复练习一段用单手弹奏的和弦；重复练习一段用双手弹奏的和弦。

上面这个练习，你一定要始终坚持做到你发现自己听觉的方位性、准确性以及控制力方面都有了很大的进步为止。在训练的过程中，不要因为遇到困难就灰心失望。因为你的最终目标是不断磨炼自己的自控力，所以无论怎样一定要坚持到最后。只有拥有了坚强的自控力，才算到达胜利的彼岸。不管做什么事情，都应该倾注全部身心。我们提出的所有听力训练，你都应该用心去做，并应该投入强大的自控力，在不同的情况下，要么选择注意倾听周围的一切声音，要么选择倾听某一种声音，要么干脆什么都不听。但无论是哪次练习，你都必须倾注全部自控力。

假如想要让自己不对某些声音多加注意，你就必须借助自控力的帮助，它或许能将声音阻隔在你的心门以外，或许让你的神经对这种挥之不去的声音充耳不闻。假如你可以做到这一点，就会更加有效、更有意识的控制自己的听力。

当然，或许你的听力确实有问题，可你却对此一无所知。如果是这样，真正的问题就很可能是因为你没有敏锐的注意力。为了搞清楚真正的原因，我建议你进行下面的训练。

训练第8法

选择一个非常安静的时刻，右手拿着一只手表，将右臂张开与地面平行，保持手表与右耳相距一臂。然后，看自己是否听见了手表的“嘀嗒”声。如果没有听见的话，就将手表慢慢地靠近你的耳朵，直到自己听见为止。此时记下你能够听到“嘀嗒”声的距离。然后在记录结果上标注好训练的日期。将这个方法每天重复10次。坚持练习10天，期间可以适当休息两天。当到了第10天时，比较一下自己所获得的进步。同时，你可以再找几个朋友用同一只手表进行相同的练习，看一看他们能在距离多远处听到“嘀嗒”声。在这10天的训练里，也要对左耳进行相同的练习，并将练习的结构详细地记录下来。10天训练结束后，假如你的听力水平仍然与原来相同，那么你的听力也许就是由天生的某种局限造成的。你可以先将训练的时间延长，如果训练的记录显示你的听力确实没有提高，那么你可以去医院咨询一下医生。

如果你发现其他人的听力都比你好，那么你的这种情况或许就是天生的缺陷所导致的。这时，去医院做一下检查才是明智之举。也许，在你的生活中，某些声音总是不间断地传入你的耳朵里，把你折磨得快要崩溃，甚至到了神经衰弱或疯痴的严重地步。比如，隔壁邻居家几个小时都不停息的钢琴声；楼下那条狗整夜的狂吠声；街头小商小贩不绝于耳的吆喝声，这些存在于现代社会中的噪声都会让人们感到心烦意乱。假如有可能的话，你可以想办法让这些声音停止；假如没有办法的话，那么你一定要学会对它们充耳不闻。

训练第9法

对那些让你感到厌恶的噪声，永远别去倾听。你可以选出一种自己非常讨厌而且又常常干扰你的声音，让它成为这一天的训练对象。现在，你要靠着自己强大的自控力尽量将注意力转移到别的声音上，这样就可以将你不想听到的噪声阻隔在你的意识以外。这个努力一定要坚持5分钟。要对自己充满信心：只要下定决心去做，就一定可以将它排除。5分钟过后，你可以稍作休息，不要再去关注那些噪声了。然后继续练习，这一次你将这个练习延长到10分钟。对这个训练，一共练习30分钟即可。但每一次都将排除噪声的时间稍微延长一些，在此期间，可以稍作休息，将注意力转移到别的事物上。你可以试着去改变一下消除噪声干扰的方式。例如，可以将注意力高度集中在一些美好的事物上，尽量不要刻意地去将某种声音消除掉。要让自己有意识完全地沉浸到其他声音或念头中。你可以反复进行练习，直到你可以控制住所有的一切。

训练第10法

如果你讨厌的噪声总是出现在夜深人静的时候，那么你就尽量别去想它们。不管怎么样都要在心里告诉自己别去理会它们。你可以去回想一段让人心情愉悦的旋律，一个美好的愿望或者是一段快乐的经历。尽量让自己放松一下，别去刻意做。

你可以在头脑中回顾某种声音，但这种声音绝不同于让你厌烦的那个声音，让它在自己的头脑中一直回荡。注意：

这种声音必须要具有一定的规律性和节奏感。你可以将这种声音想象成一座大钟发出的洪亮的“当当”声，或是一部老水轮单一而低沉的转动声，或是大海边一波波的海浪声。它们都是一些节奏感特别强的韵律。

一定要记住，当面对那些让人讨厌的声响时，越是无法平静地对待，它对你的干扰就会越强。对一条狂吠不停的狗发怒，只会让缺乏自控力的人更加紧张。其他一些让人烦恼的噪声也同样如此。当你学会用自控力去控制它们的时候，自控力本身也在变得强大。强大的自控力源自于明智的训练。

第 7 章 味觉训练

味觉是一种复杂的经验感受组合

玛丽·卡尔金斯在其著作《心理学入门》一书中曾说过这样一段话："假如问一个刚参加完宴会的人吃到了什么菜，他也许会列出一个这样的清单：牛肉汤，烤鸭，土豆，洋葱，用调味品拌好的芹菜，桃味刨冰以及咖啡。而心理学家立刻就会这样判断：在这个人所列举出的食物中，其中几种是由复杂的味道混合而成，是不同的简单味觉因素组合起来的。

当心理学家对不同的味道进行辨别时，他一般会选择一个缺乏嗅觉的人或者将鼻子用东西塞住的人作为实验的主体，这样一来，就可以将其大部分嗅觉感受都消除掉；同时，心理学家也会将实验者的眼睛蒙起来，使他无法见到所品尝的食物。然后，将一些冷热相向的食物递给他，如果食物是固体状，就会被切成精小的碎块，以便让实验者无法从表面形状上进行区别。

通过这个实验，我们可以得出下面的结论：当实验者处于既无法闻到气味（也就是没有嗅觉），也无法看到食物的情况下时，他就没有办法只通过品尝分辨出鸡汤、牛肉、土豆，一种不知名的甜味食物、一种带有浓厚的调味料的不知名食物、一种没有加料的甜味物质以及一种略苦的饮品，比如奎宁溶剂。对于一个正常人来说，如果将其眼睛蒙上但允许他可以闻到气味，那么他就可以分辨出来洋葱、桃子、咖啡，一般还会辨认出来橄榄油，但在辨别牛肉和鸭肉的时候，有可能会发生混淆；而被禁止嗅觉的实验者则没有办法去辨认出牛肉是否被腌渍过以及鸭肉是荤还是素。

在日常生活中，人们所了解的各种味道是一种复杂的经验感受组合。这种经验感受组合主要包括气味、运动肌的感受、压力、痛觉、视觉、味觉，其中味觉这项因素所占有的比例要比我们平时想象的要少很多。在鸡蛋、牛奶、水果、葡萄酒、洋葱、巧克力、咖啡以及茶这些食物的“味道”中，气味是一个非常关键的因素。一旦排除了气味的因素，要想把茶或咖啡与奎宁区分开就变得非常困难。实际上，茶与咖啡之间的区别也不过是因为茶略带有一点涩味，正是由于茶对舌头的刺激比较强烈，才让这种感觉变得非比寻常。

味道可以大致被划分为四种类型：酸、甜、咸、苦。可是令人感到惭愧的是，人们对于刺激所产生的味觉的了解竟然要比对复杂难解的生理器官的认识还少。具有不同化学性质的物质很有可能会引起相同的味觉，例如，糖与醋酸盐在口感上带给人们的感觉都是“甜的”。因此，我们可能只能做出这种猜测：液体物质带给味觉的刺激比较大。如果我们将舌尖弄干，把糖晶体放在上面的时候，就会感觉不到任何味道，除非当舌尖再次变得潮湿并将其溶解以后，我们才会感觉出味道。

以上这些味觉实验与研究，让我们对味觉以及与其相关的大脑区域有了一个大概的了解。在这个过程中，同样离不开注意力的集中、强大的辨别能力及判断能力。而我们这一章训练的最终目标正是这样一些内容，而且，通过这些训练，你还会更加了解自己，使你的意识领域得到拓展，自我控制能力得到提高。

舌头不仅可以分辨出味道，还可以进行感觉。味觉与触觉往往是密不可分的。这一点可以通过一些生活中的例子进行说明。当一个人得了重感冒的时候，虽然舌头对食物有知觉，可是却吃不出什么味道来。如果水中的氧气含量比较高，就会让舌头有一种非常清新的触觉或感受，那是明矾起作用的结果。当吃到了胡椒时，舌头就会感觉像着火了一样。而一些非常甜的食物吃起来却有一种顺滑的感觉。有些特别苦的东西吃起来感觉很光滑。如果你在吃过了比较热的东西后马上吃冷食，那么冷食的味道就不太容易被分辨出来。喝冰水之所以会觉得凉爽主要因为触觉在起作用。一杯温咖啡的口感之所以很差，是因为它既没有了热气中的浓香，也失去了加入冰块的凉爽感。我们通过上面所举出的一些实例，就可以自己做一些探究触觉与味觉关系的实验。

一定要记住，只有对外面的世界有了充分的感知，才能诞生出伟大的思想。

味觉训练的9种方法

训练第1法

找一小块明矾，然后用舌尖轻轻地舔一下。现在，试着利用自己的感觉去辨别出它的味道。你也可以找一些其他带有刺激性味道的物体进行重复练习。将这个训练连续重复10天，期间可以适当休息两天，当到了第10天训练结束时，看看自己是否在味觉上取得了进步。

训练第2法

用食指和中指捏住自己的鼻子，然后，找来一些有刺激性味道的食物来碰触舌尖，试着利用自己的感觉去感受一下它的味道。一定要认真地分辨出这种味道是确实存在的，还是自己想象中的。你也可以找一些其他带有刺激性味道的物体进行重复练习。将这个训练连续重复10天，期间可以适当休息两天，当到了第10天训练结束时，看看自己是否在味觉上取得了进步。

训练第3法

在自己的舌尖上放一颗小胡椒粒，试着从刺激的感觉中去分辨出它的味道。你可以再找另一种像这个一样能使舌头“着火”的东西进行训练，对比一下两者之间的区别。将这个训练连续重复10天，期间可以适当休息两天，当到了第10天训练结束时，看看自己是否在味觉上取得了进步。

训练第4法

在舌尖上放一点白糖或者糖精，试着去辨别一下，最先感受到的是顺滑的感觉，还是甜甜的味道。将这个训练连续重复10天，期间可以适当休息两天，当到了第10天训练结束时，看看自己是否在味觉上取得了进步。

训练第5法

将等量的白糖分别放入两个盛满水的杯中，然后让你的家人或朋友在你不知道的情况下，将非常少量的奎宁或者某种略苦的物质放入其中的一杯。现在，你品尝一下，试着去感觉一下哪个杯子里的水更甜一些，这杯更甜的水实际上就是放入了药剂。假如你尝不出来，那么可以稍微将苦味的剂量增大到你能够尝出更甜的味道为止。假如水的味道刚开始尝起来就是苦的，并且在未尝到苦味之前没有尝到甜味，那么这次实验就无效。你可以继续打起精神，一直重复这个实验直到成功为止。将这个训练连续重复10天，期间可以适当休息两天，当到了第10天训练结束时，看看自己是否在味觉上取得了进步。

训练第6法

你可以在头脑里回想一下这几种事物的味道：糖、柠檬、奎宁、洋葱，要尽量做得逼真一些，就像实际尝到了一样。注意感觉一下，看自己有没有对某种食物的回想要比对另外某种食物更加真切？这种储存在记忆里的味道是具体，还是抽象呢？这种记忆是储存在大脑里，还是舌头上呢？现在将注意力集中在舌头上，试着从过去所有的经验感受中将记忆的感觉分离出来，只关注舌头的感受。虽然做起来有些难，可以只要你坚持训练就一定能够做到。将这个训练连续重复10天，期间可以适当休息两天，当到了第10天训练结束时，看看自己是否在味觉上取得了进步。

训练第7法

找出6种带有芳香味和6种吃起来特别可口的东西，然后将这些食物分别进行组合搭配，一种有芳香味的食物搭配一种味道可口的食物，一共配成6组。现在，随机抽取一组，将气味与味道带给你的感觉进行对比，同时注意感受一下，两者之间的相似与区别。然后，将剩下的5组也重复进行对比。用略带香味的东西与味道稍微有些可口的东西再进行搭配，重复这个练习。这时，请你感受一下，在所有搭配组合里，哪一种搭配给你留下的印象最深刻？是气味带来的感受更强烈？还是味道带来的感受更强烈？再感受一下，那种相似或者不同的感觉是在哪一组中更强烈？是第一组的6种搭配（芳香与可口）里，还是第二组的6种搭配（略带香气的与不可口的）里？并思考一下出现这种情况的原因。将这个训练连续重复10天，期间可以适当休息两天，当到了第10天训练结束时，看看自己是否在味觉上取得了进步。

相同的饭菜、同等程度的饥饿状态，为什么一个人独自吃起来的味道远远没有与一帮好朋友们分享时好呢？应该说大部分人都会有这种感觉，假如你的情况正好与此相反，那么我想你应该在社交方面多补补课。一样的眼睛、一样的鼻子、一样的嘴巴，可是在后一种情况下，相同的饭却往往色、香、味更棒了。这是想象力所带来的影响吗？还是因为在好友们的激发下，各个感官变得更加相互协调了呢？一双敏锐的眼睛、一个嗅觉灵敏的鼻子、一张味觉灵敏的嘴，形成了用餐时三位一体的美妙组合，外加上愉悦的心情和积极向上的精神，你就会发现在视力、听力、味觉方面，自控力发挥了非常强大的作用。

训练第8法

当你在和好友们一起用餐的时候，你可以将本章的训练当作你们的谈话主题。同时，你们还可以做一些与味觉训练相关的实验，例如，怎样才能以愉悦的方式来用餐。

训练第9法

每个人都具有一种独特的天赋，那就是，能够将自己的思想任意投入到身体上的某个部位，或是从身体的某个部位那里召回自己的思想。有些时候，我们所说的就是“注意力”，而在另外一些时候，它就是一种能将注意力从某处撤销的能力。例如，品尝一种东西或者闻一种气味，随便抓住一种感觉，现在，尽量凭借记忆力去回想起另外一种不同的感觉，它一定要尽可能的逼真，这样就可以将以前的感觉驱赶出自己的脑海。比如，闻一朵玫瑰花，然后拼命地在脑中回想洋葱的气味。在你回想洋葱的时候，你就必须完全将玫瑰花的气味抛诸脑后。再举个例子，品尝一点白糖，然后在头脑里回忆苦艾草的味道，这样就可以将白糖的味道完全忘记。或许这些感觉会有一定的交叉。或者你可以闻一下石竹的气味，然后努力去想一下胡椒的味道，来让自己忘掉石竹的气味。或者尝一下明矾，然后回想一下氨水的气味，来使自己忘记明矾的味道。将这个训练连续重复10天，期间可以适当休息两天，当到了第10天训练结束时，看看自己是否在味觉上取得了进步。

切记，感觉转移不过是注意力的另一个别称，换句话说，就是由一个领域转移到另外一个领域之中。无论是什么人，只要他可以将注意力高明巧妙地集中在眼睛、鼻子和嘴巴上，就可以进入到一个充满愉悦的崭新世界，而且还可以用获得的新防护对不悦的侵扰加以进行抵抗。当你在进行味觉训练时，你的自控力自始至终都在发挥着十分重要的作用。

第8章 嗅觉训练

威廉·马修博士曾经做出过这样一个论述："自古以来，长着大鼻子的人往往会赢得人们的尊敬，而一个长着小鼻子的人则常常会遭到他人的藐视。罗马人深爱着像恺撒那样的大鼻子。有一个非常有意思的事实，就是'Nasutus'这个词在拉丁文中具有两层含义：一种是表示鼻子很大的意思，另一种则是表示敏锐或聪明的意思。许多伟大人物都因为拥有一个适合用力呼吸的大鼻子而受到了人们的尊重。现如今，一个拥有敏锐的鼻子的人仍然可以得到古代那样的崇尚与敬仰。"

嗅觉的作用不容小觑

对于嗅觉能力的培养也可以如同培养其他能力那样去进行，这一点从大猎犬的例子中就能够得到验证。在这个目标的引导下，通过特定的训练方法，敏锐的嗅觉就会拥有无可比拟的能力。茶叶、咖啡、香水、葡萄酒以及黄油的经营者，往往能够在他们从事的行业里培养出令人称奇的嗅觉能力。但是对于大多数人而言，很少能有机会锻炼自己的嗅觉。据詹姆斯说，他发现，其实，在一个人的记忆中，嗅觉可以占据一个异常强而有力的部分。

在生活中，嗅觉很显然被人们极大地忽略了。这一点从人们给气味命名中就可以明显的感觉到：每一种气味的名字几乎都是即兴创造，或是根据一些相关的联想而得来的。只有在药剂师或者香水制造商那里，嗅觉才得到了真正意义上的锻炼。药剂师虽然无法描述出自己店铺里的气味，可是当他走进别的店铺时，却能够很快通过鼻子分辨出气味的不同。同样，敏锐的嗅觉神经也是香水制造商赖以谋生的能力。此外还有胶水制造商、肥皂加工商，尽管他们的职业各有不同，但都同样靠这个生存。

现代科学对气味的研究是非常有限的，以至于给气味命名的名称都是借用的，或是根据偶然提及的事物进行命名，更有甚者会依据气味所引起的情感反应来进行指代。所以，人们对某些气味的了解只是局限在好与不好上，即让人感到舒服或不舒服上。我们最多也就只能说出“芥菜的香味”或者“煤油味”等，因为除此以外，再没有哪种说法比这更贴切了。之所以会出现这种混乱状态主要是因为：在我们的文化以及艺术生活中，气味从来没有得到过人们的重视。

其实，就像味觉一样，许多气味都给我们一种非常复杂的感觉，因为除了嗅觉方面的感受以外，还包括味觉、视觉方面的感受。所以，当我们在闻到像氨气这样带有刺激性的气味时，从性质上来讲也是一种直接接触；而我们能闻到酸奶气味，也许是因为酸奶中的微粒从鼻子进入嗓子造成的。

荷兰生理学家泽瓦德马克曾根据瑞典博物学家林奈的分类方法对气味进行了分类，而这种方法也是目前最为合理的。这些气味与我们在自然界中能够接触到的那些没什么区别。根据这个方法，可以将气味划分成以下几种类型：

1. 醚类气味。如水果的香味。
2. 香气味。如樟脑、香料、柠檬的气味。
3. 芬芳的气味。如各种花香味。
4. 葱蒜类的气味。如蒜、姜的气味。
5. 焦臭的气味。如烟草、吐司的气味。
6. 山羊的气味。如奶酪、腐蚀油脂的气味。
7. 有毒的气味。如鸦片的气味。
8. 令人作呕的气味。如腐烂的动物尸体。

当我们闻到有些气味的时候，总是觉得非常熟悉，可又无法说出它的名字。科学家们曾经尝试将气味划分为几种不同的来源，可是嗅觉却总是与味觉和触觉混杂在一起，无从分辨。但是有一点值得肯定的是，人类的嗅觉器官拥有着十分巧妙的内部结构，每一个部分都具有不同的嗅觉功能，而且对每一种气味感受能力也不相同。实验研究告诉我们表明，即使一个人持续地嗅闻碘酒的味道直到力竭，他仍然可以轻松地分辨出乙醚油的味道，而且还可以大致分辨出柠檬油、松脂油以及丁香油的味道，可是却一点也闻不出来普通酒精的味道。很显然，嗅觉器官的每个部分接收的是不同的嗅觉刺激的作用，要不然的话，在同一时间内，鼻孔就会对每一种嗅觉都感到无能为力。

现代科学对嗅觉的发生过程了解的并不多。可是，有两点是能够肯定的：第一，对嗅觉产生刺激的物质一般都是气体，而非液体；第二，是物体的分子作用导致了嗅觉末端器官的刺激，而并非是原子的作用，因为大多数的化学元素都是没有气味的。所以，通过将生理与物理上的过程相结合，我们可以发现，一种气体的微粒经过呼吸进入鼻孔，然后使带有黏膜上的细胞受到了刺激，在这些刺激下，嗅觉神经就会将神经脉冲传送至大脑的脑垂体上。

嗅觉神经的活动可以由我们的思想进行控制，换句话说，可以由意志的力量进行控制。就像斯科里普彻教授曾经提到的那样，用纸做成两个管子，然后让不同的气味分别进入到两个鼻孔中，我们完全可以做到仅闻到其中一种气味，只要运用我们自控力去控制，就没问题。对这个实验有兴趣的读者，可以自己尝试一下。

味觉训练的5种方法

训练第1法

仔细去闻一朵芬芳的花，感受它的气味。然后，在房间里走一会儿，远离这朵花。此时，通过大脑回忆这朵花的气味，还有其强烈程度是怎样的。利用不同香味的花来重复这一训练，一定要保证鼻子能够得到充分的休息，否则就会将所有气味的感觉混合在一起。这样的训练要坚持10天，期间可以适当休息两天。如果有可能的话，尽量一直坚持下去，直到你确定自己的嗅觉敏锐性有了显著的提高，大脑对嗅觉或气味的描绘能力也明显增强了为止。当第10天训练结束的时候，对比一下自己所取得的进步。

无论是进行这个训练，还是下面的训练，你都要保持强大的自控力，让你的注意力都集中在鼻子上。

训练第2法

你可以选择两种香味不同的花。先闻其中一朵花的气味，然后再闻另外一朵。此时，努力地回想第一种花的香味，然后再回想第二种花的香味。然后，对着两种花的气味进行比较，注意两者之间的异同。这样的训练要坚持10天，期间可以适当休息两天。当第10天训练结束的时候，对比一下自己所取得的进步。

训练第3法

你可以让朋友事先在房间里藏好一些带有香味的东西，可以是一些橙子或是一瓶未封口的香水。当朋友藏东西时，你最好不要去看，这样就可以保证训练的有效性。当你进入这个房间时，坐在椅子上，保持端正，然后慢慢地吸气，试着去将你所觉察到的全部气味都指出来。这种气味真的存在吗？它从什么地方来的？尽量凭借嗅觉将这个物体找出来。注意，在训练时，一定要保证房间内没有其他气味浓烈的物体。这样的训练要坚持10天，期间可以适当休息两天。当第10天训练结束的时候，对比一下自己所取得的进步。

训练第4法

你可以让朋友拿着一件芬芳或者带有香味的物体，但不要告诉你这个物体是什么。先让他与你保持稍远一点的距离，然后慢慢地靠近你，直至你可以感受到他手中物体的香味为止。此时，你要注意的是，当你通过嗅觉感受到此物体时，你与它的距离有多远？你可以说出这种气味的名称吗？你可以讲出这是什么物体吗？你用不同的物体进行反复练习，期间可以适当休息一会儿。你是否发现有的香味相对于其他的香味来说，需要在很近的距离才能感觉出来？这是由物体香味的不同浓烈程度造成的，还是由香味本身的特性造成的呢？这样的训练要坚持10天，期间可以适当休息两天。

当第10天训练结束的时候，对比一下自己所取得的进步。

训练第5法

无论哪一种感官，我们都可以在现实世界中让它的能力不断得到强化。无论哪一种感官的深刻印象，或许都会演变为生活中的某些重大事件。生活的质量越高嗅觉被赋予的作用就越大。我们所提到的这些练习可以一直坚持下去。这样，你就可以在生活中习惯于联想花园、田野或树林中那些让人感到愉悦的香味，经过真实且充满力量的思想来进行想象。例如：新割的草的味道会让你想到惠蒂埃的诗；刚被犁过的土地的味道会让你联想到富裕的生活；花朵的香味会让你联想到大地上美丽的景色。这样的联想习惯将为你打开一扇通往新世界的大门，会让你的注意力和自控力得到逐步提高。

我们可以通过持久地训练来提高感官的感知能力，其价值将由你所付出的努力来决定。这些训练会让被忽视的感官得到培养，并且会让你的注意力提高到足以令人称奇。从更深刻的意义来讲，这就是自控力的力量，这也是我们最终所追求的目标所在。我们一定要时刻用意念去控制它，不管做什么行为，都一定要保持强大的自控力。

第9章 触觉训练

触觉是一种最真实的感觉

狄摩西尼有过这样一句名言："对于人类来说，一切感觉都是触觉的修正与延伸。"触觉是我们的皮肤对外界刺激的一种真实感觉，可以说，触觉是人们最熟悉的一种感觉。人们通过科学实验发现，在人们的皮肤上，有些点对于冷的物体所产生的刺激非常敏感，而有些点则对热的物体所产生的刺激尤为敏感。我们平日里对于外界冷暖的感觉就是由这两类点受到复杂刺激后而产生的综合感受而决定的。另外，在皮肤上，还有一些其他的点分散于这两类点之间，一旦这些点受到了单独的刺激，就会产生接触感或者压力感。可是，当皮肤受到外界刺激时，往往还会伴随着另外一些器官的刺激，因此，这种复杂的感觉就让我们能够体验各种或坚硬或柔软、或粗糙或光滑、或干燥或湿润的物体。

另外，我们还应该注意一些其他与触觉有关系的现象。

触觉所产生的感觉强弱是否非常明显，主要是与注意力的集中程度有关。例如，我们平时一般很少会对自己所穿的衣服有感觉，可是一旦我们刻意去感觉这件事，那么这种感觉就会马上变得非常清晰了。假如身上的衣服有些不合身，那么在神经系统的作用下，你可能会不时地扭来扭去，或者作出一些不自然的动作。对于儿童来说，很多习惯性的小动作就是通过这种方式形成的。

同理，当你在入睡时，突然觉得身上特别痒，那么就会很难睡着。一些自诩为“聪明的商人”，每当吃饭时总是狼吞虎咽，几分钟就吃完，这样的吃法既难以品尝到食物的滋味，也无法感受到食物的香味，长此以往，恐怕还会患上消化不良。到那时，他的生活就会被食不知味的痛苦时时困扰着。沉浸在演讲中的演说家能够对自己的感觉控制自如，他从来不会因为飞到鼻子上的小飞虫而走神，也不会感觉到丝毫的病痛。可是，一旦这位演说家被迫打起精神去听别人的学术报告，那时，飞到鼻子上的小虫就会让他抓狂，身体上疼痛就像酷刑般难以忍受。在哲学讨论会上，苏格拉底智慧中的伟大世界会在看到他的悍妻出现的同时瞬间消亡。让我们牢记狄摩西尼的话：“一切感觉都是触觉的修正与延伸。”好好提升你的触觉吧！

强大自控力的控制可以令神经末梢屈从。在激烈的战场上，即使士兵的手臂已经被炮弹击中，也往往浑然不觉。假如你的房子失火了，或者你正在策马狂奔，那么你就丝毫感觉不到牙疼。在以上这些情况下，如果感觉能够被忽略或驱散，那么它也可以在自控力的作用下被感知与控制。所以，你可以通过对触觉进行训练来增强你的自控力。

触觉训练的9种方法

训练第1法

用右手的每个手指尖轻轻地抚摸一个无覆盖物的平面。先抚摸粗糙的平面，再抚摸光滑的平面。然后，将抚摸两个平面后的感觉进行比较，看看有什么不同之处。由于它们之间的区别是多样化的，因此需要你非常用心地去感受。你可以选择几种不同的平面重复这一训练。现在，你可以找一些亚麻布、棉布、羊绒织品、丝绸等布料来重复这一训练。每一种布料带给你的感受都是不一样的，要注意去比较两块不同的布料所带给你的不同感受。用右手训练完以后，可以再换左手重复训练。注意感受一下，两只手的感觉是否同样强烈。丝绸、棉布、羊绒织品、亚麻布所带给你的主要感觉是什么呢？除了对每一种布料的触觉以外，你还感觉到了什么吗？假如有的话，这种感觉是否舒服？如果感到不舒服，那就继续坚持这个训练，直到你可以将这种不舒服的感觉控制住为止。这完全可以做到，许多百货公司的营业员们就能为此提供证明。将这个训练坚持重复10天，当到了第10天时，看看你的触觉与训练前相比是否变得更加敏感，感觉是否更加丰富。

训练第2法

让10个手指依次轻轻地触摸光裸的桌面，此时，关注一下你的手指能够保持的稳定性。然后，重复这个练习，但这一次要加大十个手指触摸桌面的压力。感觉一下轻触与重压之间的区别。这样的训练要坚持10天，期间可以适当休息两天。当第10天训练结束的时候，对比一下自己所取得的进步。

训练第3法

将一个诸如橡皮球之类的比较轻的物体抓起，然后在手中停留几秒钟以后就马上松开它。再次抓紧它，然后立刻松开。注意感觉一下，你的10个手指是否在刚开始的一瞬间就可以感觉到这个物体？还是当第二次抓紧这个物体的时候才能感觉得到？千万别弄错了。你注意到两次感觉的不同之处了吗？这一点就需要在自控力的控制下将全部的注意力都集中起来。因此，心不在焉是不行的。这样的训练要坚持10天，期间可以适当休息两天。当第10天训练结束的时候，对比一下自己在触觉、区分能力以及注意力上所获得的进步。

训练第4法

伸出一只手，用眼睛紧盯住手背。然后，将中指向上移动，让食指与中指重叠。拿一支铅笔的末端放在两个指尖之间。此时注意感觉一下，手指中间的铅笔是一支还是两支。然后，将眼睛闭起来再来做一次。感觉一下，手指中间的铅笔是一支还是两支。在哪种情况下，这种带有欺骗性的感觉更为强烈？仔细想想怎么会明显地感觉到存在两支铅笔呢？这样的训练要坚持10天，期间可以适当休息两天。当第10天训练结束的时候，对比一下自己所取得的进步。

注意，如果当第一次做这个实验时就将眼睛闭起来，那么你也许就会将铅笔放到无名指那一边。好好思考一下，出现这样的小错误的原因何在呢？

训练第5法

将几种不同的物体随便分散地摆放在桌子上，然后闭上你的双眼，用右手轻轻地去抚摸这几样物体，然后凭感觉去估算一下每个物体之间的距离。记住，一定要凭感觉，而不要将手掌或手指作为测量工具。接着，换左手重复这个训练。注意去比较一下，哪只手的估算更加准确一些？这样的训练要坚持10天，期间可以适当休息两天。当第10天训练结束的时候，对比一下自己所取得的进步。

训练第6法

闭上双眼，然后请一位朋友将几样比较小的物体依次递到你的面前，你可以凭着触摸去感觉这些物体，但不要将它们拿在手中。现在，试着对这些物体进行一些判断，看看它们都是什么？比如洋葱、土豆、花的球茎，一片干油灰，一块石蜡，或者一些糖、沙子、胡椒粉、盐等。这样的训练要坚持10天，期间可以适当休息两天。当第10天训练结束时，对比一下自己所取得的进步。

训练第7法

找出12个大小完全相同的圆形物体，材质不论；木质，铁质或者塑料的，只要在重量上稍有差别就可以。例如，有两个1盎司的，两个1.5盎司的，两个2盎司的，以此类推，一共12个。仅在圆球的一面标清楚它的重量。然后，把它们随机地摆放在桌子上，将没有作标记的一面朝上。闭上双眼，随便抓起一个来，然后用同一只手再抓起一个。凭自己的感觉去判断一下，这两个物体的重量是否相同，并估算一下所抓取的物体的重量。接着，再换左手试验一下。然后，再换两手分别抓起一个物体试验一下。将上述几个试验多重复几次。这样的训练要坚持10天，期间可以适当休息两天。当第10天训练结束的时候，对比一下自己在判断力上所取得的进步。

训练第8法

找出24个小的木质晶体模型，在每个物体上都切掉一个边长为3英寸的正方体。然后，将它们都散放在桌子上。闭上双眼，随便拿起一个放在手心里，摸一摸，在头脑中想象它的形状。尤其要注意它的面、线、角。然后，睁开双眼，看看自己所想象的与现实物体存在哪些差别。由于你对晶体的形状可能不太了解，而只能靠触摸来判断，所以这个试验会有些难度。为了减小难度，你可以多观察一下这些晶体模型，直到你闭上双眼后可以在脑海里呈现出所看到的模型。这样的训练要坚持10天，期间可以适当休息两天。当第10天训练结束的时候，对比一下自己所取得的进步。

训练第9法

在生活中，当你与他人握手时，可以从握手方式上了解他的一些个性上的特征。在握手时，方式一定要温和而沉稳。一旦发现对方的握手方式不恰当，就应当马上予以指出，因为这种不良的习惯应该得到矫正。当你与某些人握手时，是不是感觉到有些不舒服？注意思考为什么会这样。不过你也不要被这种反感所控制，要将那些不良的感觉抛开，主动去和他人握手。因为这样很可能会帮助你取得“控制他人”的主动位。对自己的某些反感情绪进行克制，往往可以使你的自控力得到增强。绝不能让你的触感受控于任何一种你必须常常接触的东西。被不良的感觉控制，是一件非常糟糕的事情。人一旦产生了反感的情绪就意味着思想变得软弱，无法将注意力转移到别处去。恼怒与厌恶是可以被真正强大的精神与思想驾驭的，而自控力就是这个引导者和控制者。所有对你所反感的事物态度上的转变，意味着你的自控力得到了增强。

第10章　神经训练

与众不同的神经组织

迈克尔·福斯特先生曾经有过这样一段论述："如果当科学家能恰当地运用生理学知识去研究人体上被称为肌肉、血管、腺体组织等这些部分，就能够指明一些方法。这些方法既可以用来治愈患处，也可以对一些不良嗜好和疾病带给身体的损害进行修复，同时还可以让那些正在生长的组织得到锻炼，使那些成熟的组织得到开发，让它们能够满足生活的目的。"

在生理学里，所研究的不只是治疗的办法，而且这种研究还具有支配和指导作用。对于神经组织来说同样如此。同时，生理学还可以对神经组织给予特殊的照顾，因为在所有器官组织中，神经组织有些与众不同；与其他器官组织相比，它们似乎更容易受到周围环境和后天教育的影响。

人们对于不同感觉的认知也可通过各种感觉器官来获

取。可是，人们往往也会陷入到一种被称为“普遍感觉”之中，有关这一点，只要你在一个特别安静的屋子里坐一会儿就可以感觉到。你可以觉察到神经系统的一切体验，比如，心脏有节奏的跳动，自己的呼吸声，甚至还会注意到耳边的沙沙声。你可以感受到温暖或是寒冷，感受到生命的脉搏在跳动，这是一种非常清楚、非常真实的感觉。毋庸置疑，你身体的每一个部位都是有知觉的，而这样的知觉也几乎覆盖了你身体的所有部分。我们这一章的训练就会在这种“普通感觉”中开展。以下我们介绍的这些训练方法都是十分重要的，因此，绝不要掉以轻心。

神经训练的13种方法

训练第1法

将你的全部感官都调整到“普通感觉”的状态中，并在一段时间内都保持这种状态。安静地坐着，将思想完全与外界事物隔绝开，把所有注意力都集中在身体上。注意，你的一切思想活动都要集中在这上面。做到这一点也许有点难，因为你往往会不受控制地去想一些其他的事情；但是在坚持和耐久的自控力的作用下，你还是能够做到这一点的。此时，你就能够运用身体上的感觉器官去感受每一件事情，而且将它们记录下来。这样的训练需要连续坚持10天，当第10天训练的时候，将你做的记录进行一下对比，计算一些你能够感觉到的事件的数量。一定要注意，在这种“普遍感觉”中，集中注意力方面有了多大的改善。一定要记住，这些真实的情况以及自己的感觉。

训练第2法

在一间安静的屋子里慢慢地坐下，然后，像训练第1法中的那样，让自己的身体进入一种“普遍感觉”的状态。此时，你可以将自己的注意力集中于身体的某个具体部位，比方说从手掌到肘部的小臂部分，将全部的思维活动都集中在这个部分。然后，将那些不是来自手部的感觉全部排除出去。你可以将这些感觉都记录下来，以便日后进行参考。

重复这个训练，你可以把集中的身体部位换成像手腕、肩膀、背部、脚部等这些部位。然后，一直这样坚持练习。在这个过程中，一定要努力体会那些能够吸引你感受的事物。将集中的部位放到头部，重复这一训练。在训练时，要聚精会神地去听，这里的听，指的不是让你去听某个声音，而是让你的神经去感觉耳朵。接下来，再将注意力转移到视觉上，不是让你去看某个物体，而是让全部的思想活动都集中在眼部。

接下来，用手去按压身体的某个部位，比方说另一只手背或者面部，当按压时，一定要将注意力全部集中在按压以外的其他部位上，尽量让自己将按压的感觉忘掉。将每一次的练习结果记录下来。这个训练每天都要练习，期间可以适当休息，坚持10天。当到了第10天训练结束时，比较一下每次训练的记录结果，看一下记录的事件总数量以及注意力的改善情况。

训练第3法

在一个安静的房间里慢慢地来回走动，让思想保持“普通感觉”的状态。然后休息片刻，再重复相同动作。在这个过程中，一定要关注自己的感觉，不能走神。每天练习10次，并将一些比较明显的事实记录下来。这个训练每天都要进行，期间可作适当休息，坚持10天。当到了第10天训练结束时，比较一下每次训练的记录结果，看一下记录的事件总数量以及注意力的改善情况。

训练第4法

选择一个安静的房间，静静地站着，然后进行以下练习：

1. 自身体右侧缓慢且平稳地抬起右臂，并高举到肩部以上。将这个动作重复6次，要将全部的注意力都集中在你的动作上。

2. 将右臂自体前缓慢地抬起，直到与地面平行。将这个动作重复6次。

3. 将右臂自体侧缓慢地抬起，直到与地面平行。将这个动作重复6次。

4. 将右臂在头顶上方伸直，以右肩为轴摆动整个手臂划半圆，手臂体前向下，直到腿侧，身体保持直立。将这个动作重复6次。

5. 将右臂在头顶上方伸直，向身体右侧摆动整个手臂，将这个动作重复6次。

6. 将右臂体侧水平伸直，向体前摆动，直至手臂摆到正前方，将这个动作重复6次。

7. 将右臂以相反的方向重复上面的动作，方法同上。

8. 换左臂，重复以上所有动作6次。

9. 换左臂向相反的方向重复所有动作6次。

一定要记住：上面所提到的一切动作必须要认真且缓慢的进行。对于每个动作，都要用全部的思想去关注，不要让思想分神。将整个思维都集中在你正在做的每个动作上。另外，无论做哪个动作，都要充满自控力，这一点是最重要的，要将自控力放到每一块肌肉上。这个训练每天都要练习，期间可作适当休息，坚持10天。这个训练可以一直坚持下去。

训练第5法

选择一个安静的房间，静静地站着，然后抬起右脚，保持左脚单脚站立，不要用手去扶其他东西，让身体保持平衡，右脚尽量地向体前抬高，然后回到原位，落地。整个动作要认真而且缓慢，重复6次。

1. 将右脚向体侧抬高，然后回到原位，将这个动作重复6次。

2. 将右脚先向前，然后再向右侧摆动，再回到原位，初始位置，将这个动作重复6次。

3. 尽可能地将右脚向体后抬高，注意保持平衡，然后回到原位，将这个动作重复6次。

4. 尽可能地将右脚向体后摆动，然后再向右侧摆动，再回到原位，将这个动作重复6次。

5. 将右脚由反方向开始重复以上这些动作，每个动作重复6次。

6. 换左脚重复以上动作，每个动作重复6次。

7. 这个训练需要每天都坚持，期间可以适当休息，坚持10天。

建议：当你在做这些训练时，一定要保持充沛的精力，而且每一个动作都要做得缓慢认真，同时，思想高度集中。

训练第6法

在一个安静的房间，静静地站着。双眼正视前方，将头部慢慢地向右转动，直到达到最大幅度，然后再将头部慢慢地转回到原来的位置，将这个动作重复6次。

1. 双眼正视前方，将头部慢慢地向左，然后回到原来的位置，重复6次。

2. 将头部慢慢后仰到最大幅度，然后再慢慢抬起，回到原来位置，重复6次。

3. 把头部慢慢低下，直到达到最大幅度，然后再慢慢抬起，重复6次。

4. 将头部低垂于胸前，然后慢慢地向右上方转动至右肩，然后再向下摆回胸前，再继续慢慢地向左上方转动至左肩，然后向下回到原来的位置，重复6次。

5. 将头部尽量后仰，然后慢慢地向右上摆动至右肩，然后再下摆动，并继续向左上至左肩，再向右下摆回原来位置，重复6次。

6. 以上这些动作，每天都要重复连续，坚持10天。

训练第7法

站在一个安静的房间里，将全部思想都集中在身体的每一个动作上，将右肩缓慢地向上抬到最大限度，然后再缓慢地回落到原来的位置上，将这个动作重复6次。

1. 换左肩进行同样的动作，将这个动作重复6次。

2. 这个训练需要坚持10天，一共10次。

训练第8法

站在一个安静的房间里，保持双脚不动，慢慢地将整个身体都向右扭转至最大幅度，然后再转回原来的位置，将这个动作重复6次。

1. 保持身体的自然站立，两手侧平举，在保持上身平直的状态下向前俯，然后将身体缓慢地转向右侧，再缓慢地转向左侧，将这个动作重复6次。

2. 每天都要坚持重复以上动作，期间可以适当休息，坚持10天。

以上所提到的这些练习动作都是经过科学设计的，而且都具有一定的启发意义。你可以根据自己的身体条件将这些动作稍作变化。但是，不管怎样都一定要严格遵守和执行一条原则：所有动作都需要缓慢且认真的进行，而且思想要高度集中在每个动作上。同时，要保持饱满的自控力。要将“我决定要树立意志了，注意！”这个想法贯穿到你的四肢和肌肉中去。

训练第9法

保持身体自然站立，将全部思想都集中在身体上，然后让内心平静下来，坚决地告诉自己：“我的身体正在在汲取那些有益的力量！我向一切美好的影响敞开胸怀，我的身体与思想的力量正开始变得强大！一切都开始变得非常和谐！”在重复这句话时，要内心保持平静但要充满力量。一定要保持积极向上的情绪，让自己时刻充满自控力。自控力只会存在于最良好的精神状态之中。将自己提升到身体健康、思想健康、精神健康，即三重健康的境界。

1. 每天早晨至少练习一次，每次要保持15分钟，然后稍作休息。

2. 如果你感觉到疑虑重重或是焦躁不安，就应该让自己进入到这种坚决的状态并重新获得美好的力量。只要按照这个引导去做，你就会受益无穷。

训练第10法

保持身体站立。以一种坚忍不拔的态度，将自控力集中在站立之中。将所有精神都集中在自我，保持内心平静，用力地想：我正在昂首挺立，一切事物都是那样的美好，我正在尽情享受周围的一切美好事物。当你的精神达到这种状态以后，慢慢地在房间里来回走动，不需要昂首阔步，只需像平常一样自然走动，但全身要有一种充满力量的感觉。然后，适当休息一会儿。将这个训练重复多次，一共练习15分钟。

训练第11法

保持身体站立。同上述方法一样，让自己的精神状态充满自控力，然后慢慢地走到桌子旁边，拿起一本书或者拖动椅子，或者走到窗边向外眺望。无论做哪一个动作，都一定要坚决果断，而且要充满自控力。

1. 你可以选择其他对象重复上述的动作，每次练习15分钟。

2. 这个训练需要每天都坚持做。

训练第12法

稍作休息一段时间以后，慢慢地坐到椅子上，让自己的全部自控力都集中在每一个动作上。要保持端正的坐姿，既不能坐得很随便，也不能坐得很僵硬，要让自己保持一种既挺拔又放松的姿态。然后，集中所有的注意力慢慢站起身来。尽量让这个姿势保持优雅自然的状态，在自控力的作用下，将自然和优雅结合起来。不管你是坐着，还是站着，或者行走，都要注意保持这种姿势。无论在哪种动作中，都要保持这种重要的感觉，因为它意味着“我拥有无限的活力，我拥有充沛的精力！”假如你患有贫血、消化不良或者神经紧张等疾病，那么这个训练将会对你十分有益。

1. 这个训练每次要坚持15分钟。

2. 每天都坚持练习。

训练第13法

由于神经系统十分敏感，所以一旦它遭受挫折或者负担过重，就应该马上进行适当休息，必要时还应该求助于医生。但是很多人都无法意识到自己神经系统方面所存在的问题，因此只能任凭自己变得越来越暴躁。而这其中的原因之一就是他们想要实现自我控制。下面所给出的一些建议也许看起来有些荒谬，但是它们对于摆脱神经紧张非常有帮助。

如果你在临睡之前突然觉得异常烦躁，就会总觉得头发中似乎有某种东西在“爬行”，或是有某种东西轻轻地推你的颈背部，或是好像手臂上突然扎了一根针，或是好像你的身体上有一根羽毛在四处游走。另外，当你感到心烦意乱、无法入睡的时候，就会觉得身体的这里好像被人打了一下，那里又好像被人按压了一下，或是某个部分被摩擦过，而睡眠的感觉却始终在不停的游走。那么，究竟要被这样的感觉折磨多久呢？实际上，这种感觉的决定权就在于你的手中，你希望它持续多长时间，它就会有多长时间。我们为何会有这种烦恼呢？事实上，这完全是能够避免的。只不过是你的自控力与毅力的问题而已。假如你曾经接受过关于集中注意力方面的训练，那么就应该能够有能力支配自己的思想与神经。因此，每当遇到这样的事情时，你需要做的仅仅是将思想转移到别的地方去的能力而已。一个人一旦始终感觉自己被人打、按压或摩擦，那么他的烦躁不安就会一直持续下去。要想得到解脱，就应该将全部的思想都集中在那些重要而又有趣的事情上。你可以先设定一个恰当的身体部位作为承受这种注意力的场所，它就会渐渐转移到设定的部位上去，最后通过设想再令它消失。只要你按照这个方法去做，最终必将能摆脱烦恼。当然，这种方法也可以用来解决困扰你的其他各种“感觉”。

实际上，像这样的自我控制我们每个人每天都会反复进行成百上千次：忽略了闹钟的闹铃声；对火车呼啸而过的声音充耳不闻；对小摊贩此起彼伏的叫卖声没有丝毫觉察；对牛的叫声、鸟儿的鸣叫、小孩的欢叫声以及城市的喧嚣声毫无反应。那些每天被熙熙攘攘的人流包裹其中的都市人，是无法听到生活中那些模模糊糊的嘈杂声音的；那些长期生活在河畔上的人们，是无法听到大自然中隆隆的雷声的。莎士比亚曾经说过："乌鸦的确能够歌唱得如同百灵鸟般优美，可前提是人们并没有注意到这两种鸟的时候。假如夜莺在白天唱歌，假如鹅群使劲乱叫，同样都会让人觉得讨厌。"

第11章 手的训练

“无所不能”的手

有人曾经说过，人的内心世界完全可以通过自己的手反映出来。我们生活中所熟知的“看手相”其实就是研究人们手掌纹路的一门“技术”。同时，在犯罪学领域，手的指纹还可以用来寻找犯罪证据以及辨别罪犯。但是，我们中的大多数人都不能清楚地了解自己的手掌，因为没有几个人可以真正做到“细心”这个重要的前提条件。

对于人类来说，手是最完美、最顺从的效劳者。各种工艺制造、发明创造、科学进步、艺术作品，无不是在自控力的引导之下充分展现了手的伟大。也许对那些挖掘水道的工人来说，手就是手，可是对那些画家和雕刻家来说，手却是可以体现人类创造力的最重要工具。

我们的身体是一种表达思想的渠道，而手就是思想最关键的执行者。在远古时代，人们为了猎取新鲜的肉作为食物而发明了弓箭、钩子以及网；猎人为了拥有一间能够遮风挡雨的居所而发明了锤子、斧头、锯、泥刀、钉子等种种建筑工具；拥有了房屋的人因为想种植一些农产品而发明了铁锹、铲子、耙子、犁、镰刀、篮子、割草机、脱粒机以及石磨；农耕的人们想获得知识因而发明了笔、墨水、纸，直到后来发明了打字机、显微镜、望远镜，又有了图书馆和各种学校。

接受过教育的人还想欣赏艺术作品，于是又发明了画笔、画板、颜料、调色板、刻刀、凿子；同样人们也希望自己的心灵受到音乐的熏陶，于是便有了各种管弦乐器、鼓等。人们必须有政府进行管理，结果便有了王位、权力、法律、法庭、法官以及审判庭，有了政府就会有战争，于是有了刀剑、枪炮以及盟约。同时，人们需要有自己的信仰，于是有了神坛、圣经、宗教以及不同的慈善团体。由此可见，在人类发展的漫长历史之中，在每一个发展阶段上，手都在发挥着重要作用。

通过对手进行训练，还可以让思想得到发展。这样的训练会成为培养精神和增强自控力的媒介。也就是说，拥有什么样的自控力，就拥有什么样的手。反过来亦是如此，拥有什么样的手，就拥有什么样的自控力。不管是什么人，只要努力去训练自己的双手，这双手就一定会充满强大的自控力。

手训练的9种方法

训练第1法

集中注意力，仔细观察自己的双手，了解它们，记住它们的特征。在观察时，一定集中全部注意力，甚至要做到一闭上眼睛，就能够回想起它们的样子。

1. 放松右手除拇指以外的其他手指，将这四个手指缓慢地向手心合拢，当它们碰到手心以后，再慢慢伸直，回到原位，将这个动作重复6次。

2. 放松右手，将五个手指以上面同样的方法向手心合拢，将拇指置于其他四指的下面，然后再慢慢地伸直，将这个动作重复6次。

3. 这一次将握的力量增大，然后以同样方式进行上面的练习，将这个动作重复6次。

4. 将手掌伸开，五指并拢，然后慢慢地张开五指，再慢慢地并拢在一起，将这个动作重复6次。

5. 换左手做上面的所有练习，每个动作都要重复6次。

6. 这个训练需要每天练习，坚持10天，期间可适当休息2天。

训练第2法

找来一根大约6寸长的木棍。然后，将身体站直，右手抓住这根木棍，缓慢地吸气，将握住木棍的右手向前伸直，右手用力将木棍紧紧握住，力度要由轻到重，渐渐增加，直到达到你力量的极限。将这个动作重复6次。

1. 同样是握住木棍，将右手向体侧伸直，然后重复上述动作。也是重复6次。

2. 将右手头顶上方伸直，重复上述同样的动作6次。

3. 将右手自然垂于体侧，重复上述同样的动作6次。

4. 将右手以最大的限度向后方伸直，重复上述同样的动作6次。

5. 换左手进行上面的练习，所有动作方式以及动作要领均与右手相同。

左手和右手可以轮流进行这个训练方法。例如，先用右手做完整套训练，然后再换左手。同样，也可以这样做，先用右手做完一个动作，然后再换左手，两手交替做。

记住，在每一个动作中，吸气时一定要让肺部将气体吸满。在训练中，可以进行一些适当的短暂休息。尤其重要的是，在整个训练过程中，一定要让思想保持充满自控力的感觉。

6. 这个训练需要每天练习，坚持10天，期间可适当休息2天。

训练第3法

找到一个最大称重量为10~12磅的弹簧秤，将一根小木棍穿到弹簧秤的环中。在桌面上，正好离桌子边缘为弹簧秤长度的距离处，钉一个钉子，而且让弹簧秤处于一个正好可以用手抓住秤环中的木头的位置，同时还能够让拇指钩住桌子边缘下方而且握紧。将弹簧秤的秤钩钩在钉子上，右手四指抓住小木棍，拇指位于桌子边缘的下方，然后只靠四个手指的运动（千万别用手臂的力量），尽量将弹簧秤拉开。弹簧秤的秤钩一定要钩在钉子上，这样在拉动弹簧秤时，就可以防止四指碰到掌心。

1. 将上述动作完成以后，稍作休息，然后将这个动作重复6次。

2. 将每天拉开的弹簧秤所显示的磅数、所占长度的比例一一记录下来，一定要注明是哪只手，将记录保存好。

3. 换左手重复这个训练，重复6次。

4. 这个训练需要每天练习，坚持10天，期间可适当休息2天。当到了第10天的时候，将所做的记录进行一下对比，看看自己所取得的进步。

在训练的过程中，必须要时刻将自控力集中到每一个动作中去，尤其要注意，你是否能够做到只凭借自控力的练习来加大手指的拉力。当到了第10天的时候，可以适当休息两天。看看哪只手所获得的进步比较大。

训练第4法

让你的朋友用音质比较好的音响设备播放一些节奏感强且快的旋律，而你可以两只手交替重复上述的练习，一共6次。也要注意做好记录。将这个训练坚持10天，期间可以适当休息。无论在做哪一个动作，都要保持一种集中强大的意志的感觉。当训练结束的时候，将所做出的记录的结果进行一下对比，看看每只手的进步情况，注意看一下哪只手取得的进步最大。

注意，在这个训练中，一定要观察音乐能否使自控力增强，并请你对这个现象作出解释。

训练第5法

发挥你的想象力，想象此时你的右手正拿着一把左轮手枪，而且你正准备扳动扳机。将一种强大自控力的感觉全部集中在扣动扳机的手指，但要保持手指不动。此时，屏住呼吸，不断地想象这个动作。你能够像以前一样感觉到手指上所蕴藏的能量吗？如果你可以努力做到这一点，那么自控力一定会变得十分强大。

1. 让双手的每一个手指都进行这个练习。每个手指将这个练习重复6次。

2. 将这个训练坚持10天，看看训练结束后，你的自控力有没有发生变化。

训练第6法

通过不断的练习，让你的双手去学会某些有用的手工活，例如，切割、雕刻、制作橱窗等，这样就可以培养对不同类型工具的熟练使用程度。假如这些手工活你都已经做得非常熟练了，那么不妨去学习一下各种乐器、素描或者水彩画等。一定要下定决心学会一种工具的运用，而且要不断地练习，直至达到你的预期目标。

训练第7法

不论做什么手工活，一定要尽力培养一种娴熟的技能，而且要时刻对自己充满信心。正是因为对优雅、灵巧、完美有着深刻的体会，才可以产生出这种充满自信的感觉，它只能通过对身体某个部位的熟练运用来获得。这种感觉会让人的意识与更深层潜意识之间互相协调。这种相互协调恰恰就是人们能够将工作做得完美的必备条件。实际上，每一个拥有精湛技术的人都会有这种感觉，可是却未必能够完全了解它的所在。

训练第8法

如果一个人想在工作中达到一种最佳状态，就必须要对自己手中的工作有一种最好的感觉。为了工作更加完美，你就必须在工作过程中反复增强这种感觉。即使你认为你已经能够非常熟练地掌握这项工作了，但也应该去培养那种驾轻就熟的感觉，因为，事实上，你现在赖以完成工作的就是那些已经养成的习惯，还有在你看来早就深深嵌入自己身体内部的能力。所以，你一定要牢记，这种来自内心深处的感觉是非常值得信赖的。一般来说，一旦你的思维习惯变得非常紧张或者混乱，那些本来已经掌握的机能就会丧失干净。有一些事情，当我们不是刻意去做时做得很好，而一旦我们试着去注意所有细节时，马上就变得很糟。所以，一定别让那些焦躁的感觉控制你的神经系统。如果你在工作中确实存在这种焦躁不安的情绪，你可以通过运用自控力的作用来让自己渐渐平静下来。假如你实在无法摆脱这种焦躁的情绪，那么就应该考虑换一份工作，这样就可以让自己平静下来，而且还可防止产生一些精神或者身体上焦躁的习惯，因而避免一些不知所措的境况及错误的出现。

训练第9法

记住，在工作中，一定不要强迫自己去超越那些与最好结果相一致的步伐。当你的思想处于镇定的状态时，手就会顺其自然地进入到最好的工作状态中。以上这些有益的训练可以一直坚持下去，假如自控力始终充斥着你的思想，那么你终将获得成功。

第三篇

训练大脑，增强你的自控力

第12章 注意力训练

注意力为大脑指引方向

自控力不仅需要通过锻炼加以提高，而且更离不开人们智慧和精神的滋养。对于我们的大脑来说，自控力是一种激素或者催化剂，它能够让大脑快速且高效地运转。只要一个人开始下定决心去培养自己的自控力，那么他的自控力肯定就会越来越强大。

在生活中，我们常常会遇到这样的情况："无意识"也会创造出令人难以置信的结果。威廉·汉密尔顿在写给朋友的一封信中说道：一天，他与妻子漫步在经天文观察台到都柏林的路上，当他们走到布罗姆桥的时候，他突然感觉在脑海里有许多想法像火花一样不断闪现。这些火花就像字母I、J、K那样连贯、自然。这让汉密尔顿非常吃惊，从那以后，他在描述这种彼此关联时就会经常使用"I、J、K"这三个连续的字母。为什么我们的头脑中总会出现这种"无意识"的状态呢？

实际上，在自控力的指引之下，只有像这样指向预期目的的“无意识”才能形成一种连续的思维过程。

既然自控力遍布大脑的每一个角落，那么自控力的锻炼与发展必然会让整个大脑思维都变得更加活跃。威廉·詹姆斯教授曾说过：“自控力所造就的最终结果是绝对出于自愿的，它让人们在头脑中始终对某个疑难问题念念不忘，让这个问题不断地在脑海里浮现。注意的努力就是自控力所产生的作用。”

我们所说的“注意”究竟指的是什么？詹姆斯·萨利教授回答道：“我们可以将注意大概定义为一种积极的自我指引（当然这离不开自控力的配合），它会让我们的大脑关注那些正呈现于脑海中的事物。”同时，詹姆斯·萨利教授指出“注意”这个词的词源为adtendere，意为朝什么方向努力。“注意与头脑对呈现出来的事物的‘意识’有些相似。但是，与注意力相比，意识所包含的范围要更广泛。意识的程度各有不同且界限分明。对于一个人来说，他也许会朦胧地对身体的某种感觉有所觉察，或是久久难忘。但注意是一种强化意识，它是要将意识集中或者限制在一个具体的、特定的领域内。它强迫大脑或者意识去关注某个特定的方向，而注意的对象则会因此就会变得更加清晰明了。”

斯科里普彻教授为了找出大脑的“焦点”与“注意范围”之间存在的区别，曾经做过这样一个实验，具体过程如下：

“请来一位带着照相机的业余摄影师。他将三脚架支起来让你观察背景玻璃上的图片。由于玻璃已经经过了调节，摄影师可以清楚地看到坐在屋子中间的人；但其他物体都有点模糊，由于物体与人的远近距离不同，因此模糊程度也有所不同。接下来，稍稍变动一下玻璃的位置，人像立刻就变得不清楚了，但其他东西却看得很清楚。因此，每个位置都有一些固定的物体可以被清楚得看见，但其他物体就会变得模糊不清。要想让那些原来无法看清的物体变得清晰，就不得不挪动玻璃，而只要玻璃的位置发生改变，原来可以看清的东西就会变得不清晰。同理，如果我们某段时间内将所有的注意力都集中到一个或几个东西上，那么其他东西就会变得模糊不清。可是，如果我们将注意力由一个东西全部集中在另一个东西上，那么原来清楚的东西就会变得模糊。

“我们能够让房间里的东西保持静止不动，可是却没有办法让自己的思维也停止不动。人们的精神状态更有些像照相机的镜头之下的喧嚣的街道。焦点不断变动，一会儿是这里，一会儿是那里。进入焦点范围内的事物会让你目不暇接。所以，注意就是让你的大脑都专注在一件事上，而无论这件事是安静地在许多想法中隐藏着，还是不停地在喧嚣中变动着。”

那么怎样才能提高我们的注意力呢？答案是，要让我们的头脑努力留住那些瞬间的想法或者观察结果，排除那些没有必要关注的东西。一个人要想做到这一点就必须要具备强大的自控力。所以，通过锻炼，必然会让我们的自控力得到增强。

注意力训练的9种方法

训练第1法

在一个安静的房间里坐下，尽量保持安静。通过自控力的作用，将一切乱七八糟的想法抛诸脑后，让大脑处于一种空白的状态，并将这种状态尽可能的延长。看看自己能够坚持多久？即使时间很短也不要泄气，只要你能坚持练习，就一定会有效果。

在做完以后，你可以适当休息几分钟，然后再继续练习。每天至少做6次这样的努力，一共坚持10天，期间可以适当休息两天。每次练习完后，请将结果记录下来，等到训练结束后，看看自己取得了哪些进步。要知道，意志是神通广大的。

训练第2法

在一个安静的房间里坐下，尽量保持安静。让大脑处于空白状态，尽量多保持几秒钟。然后，让大脑立刻开始思考某件事情，在思考这件事的同时要排除一切其他想法，尽可能地将注意力长时间地集中于这件事情上。此时，需要你做的仅仅就是将全部注意力集中在这件事情上，而不是让你思考解决这件事情的一系列办法。就像你全神贯注地看着某样物体的时候一样，将所有的视线都重点集中在物体上面，只专注在这个物体上，然后放松。

这个练习需要每天重复6次，一共坚持10天，期间可以适当休息。每次练习完后，要将结果记录下来。等到训练结束后，看看自己的自控力有没有进步。

训练第3法

尽量让思想放松，大脑可以任意想象一分钟。一分钟以后，将你能够回想起来的一些零散的想法记录下来。然后，再找出这些事件之间可能存在的内在联系，这样你就会发现那些看似天马行空的思想活动，实际上都是有据可寻的。因此，你一定要将自己的思维活动牢牢控制住。这个练习需要每天重复6次，一共坚持10天，期间可以适当休息。每次练习完后，要将结果记录下来。等到训练结束后，看看自己的自控力有没有进步。然后，试着去找出那些对大脑无意识活动进行支配的规律。

训练第4法

在椅子上安静地坐一分钟，使大脑进入一种思考分析的状态。既不要胡思乱想，也不要一些无关思想和感觉进入到大脑之中。现在，让大脑有意识地跟随这条分析路线思考下去，这个过程可以维持5分钟。然后，凭着自己的记忆，将结果记录下来。这个练习每天都要做，坚持10天。当到了第10天训练结束时，你可以将记录做个对比，看看自己的注意力提高的程度。这项训练必须要靠想象力来进行，你可以想象一幅画或者某个活动。

训练第5法

下定决定，让自己的头脑处于某种状态。然后，任意挑选几个在你看来是可以在生活中得到实现的美好愿望，并将所有注意力都集中在这个目标上。至于如何实现，你可以不必去考虑。你要做的就是下定决心去克服一切困难。不要幻想实现愿望后会取得的荣耀，因为这样只会让你的注意力更加分散。一定努力运用强大的自控力去将自己的意念控制住。

这个练习需要每天重复6次，一共坚持10天，期间可以适当休息。在这个训练中，你要将一种胜券在握的想法植入你的大脑深处，而且要时时刻刻在生活和行动中表现出来。要把决心和自控力变成自己固定不变的性格特征，不仅要对未来充满希望，而且应该投入情感与毅力。

训练第6法

在椅子上静静地坐一段时间后，开始做下面这几件事情：在屋子里踱步，或者从书架上拿出一本书看，或者仍然保持静坐不动。大约坚持5分钟以后，你就会产生一种想做其他事情的冲动。一定要经得住这些冲动的诱惑。现在开始做决定，要快速且果断地决定自己到底要做哪件事。行动要迅速，别拖拖拉拉。做决定不能仅凭一时的冲动，要让自己做出真正有效的决定，然后立即着手行动，就专注于这一件事情。

每天你可以反复选择6种不同的事情进行练习。在做事的过程中，努力将自己的自控力注入到每个细节中。让自己对这件事情始终保持一种热情和投入。你可以将这个训练坚持10天，期间可以适当休息。当第10天训练结束时，观察一下自己的注意力和自控力是不是有所进步。

训练第7法

将书、硬币、剪刀等不同种类的物品分开摆放在桌面上，然后，再将这些物品混在一起。在对这些物品进行仔细观察以后，将它们按照某种特定的分类进行排列。这种特定的分类可能是物品之间的相似性，也可能是相异性。

这些物品的颜色各异，将它们相互交叉进行排列。然后，观察一下排列好以后的效果。可能结果看起来非常糟糕。你可能会想为什么会变成这个样子？如何做才能将这些物品排列得更好一点呢？思考一下，你房间的陈设与颜色之间存在着哪些关系呢？如果从这个角度去思考，是不是排列效果要更好一些？你可以从不同的角度去试一下。先按照相似性的角度反复排列几遍，再按照相异性的角度反复排列几遍。

在进行这个训练的时候，要始终将自己的意念放在首要位置上。每次练习可以用不同的顺序排列6次，这个训练坚持10天，期间可以适当休息。当训练结束后，你可以观察一下自己注意力的改善情况，以及自己排列这些物品的熟练程度和技巧与以前的练习有着怎样的不同。

训练第8法

选择几样物品，比如书或者家具。然后，根据书名对书籍进行排列。排列好以后，在心里问自己这个排列方案是最好的排列办法吗？如果不是，请你试着去改进它。对排列家具来说也是这样，要尽量做到让家具与房间的搭配无论在颜色、形状、风格上都最和谐。

换其他物品进行反复练习，每一组物品重复排列6次，一共坚持10天，期间可以适当休息。等到训练结束后，看看自己的自控力有没有进步。

训练第9法

选择几种完全不相干的物品，按照最方便、最顺手的顺序将它们摆在自己的面前。然后，任意拿起一个，问自己拿起这个物品的目的是什么？要不假思索地找出这个物品与另一个物品的关联性。然后，解释一下这个关联意味着什么？再将它们与第三个物品进行关联。以此类推，直到你挑选的物品全部产生了相互联系。将这些物品按照它们之间的相互关联进行排列。在这个练习过程里，你要尽量放慢速度，要让慎重的大脑的思考和意愿来引导你。当第一轮练习结束以后，你可以稍微休息一段时间。然后换几组不同的物品重复练习6次。坚持练习10天，期间可以适当休息一下。当练习结束后，对比一下自己的注意力和关联能力所取得的进步。

例如：书籍——（暗示）——人——（暗示）——笔记本——（暗示）——作家——（暗示）——钢笔——（暗示）——无所不能——（暗示）——宝剑——（暗示）——锋利——（暗示）——刀——（暗示）——点——（暗示）——图钉——（暗示）——明亮——（暗示）——金表。

对于刚开始练习的人来说，这的确有一定的难度，因此，这个训练在练习时不但需要时间，还需要耐心。而坚韧持久的注意力，其重要性是不可估量的。一个平凡人的才华也许还不及天才的一半，可是一旦他能专心致志地将每一件事情做好，那么他所获得的成就很可能会比那些三心二意的天才更加突出。

第13章　阅读训练

阅读的过程就是思考的过程

目前，人们能够选择阅读的书籍既可以说是很多，也可以说非常少。作为一个现代都市人来说，恰恰是因为种类多到无法选择，才无法让自己的大脑得到有效的帮助。对于一个普通人来说，读书无非就是为了打发无聊的时间。于是，为了造成轰动效应，很多杂志便用一种独特的方式进行写作，有些文学方面的著作也大多会夸大其词地描述一些客观事实。

写作方式正在发生的这些变化，让更多的人离阅读越来越远。因为真正意义上的阅读是一个不断思考的过程，这样作者要表达的中心思想才能够在读者的大脑中再次呈现出来，才能够引起读者共鸣或者疑问，而且可以在潜移默化中影响他的思想，让书中的内容充分地被吸收并转化成自己的一种思想。

以上这些都离不开自控力的努力。可对于当今身处这个喧嚣浮躁的社会中的人们来说，自控力已经变得很稀有了。那么，怎样才能重新获取这种不断退化的技艺呢？答案就是，在理智的基础上，努力培养我们的阅读能力。

智者培根在谈到读书时说过："当我们在读书时，既不应该存心质疑，也不应该完全相信，而是应该去思索，去权衡。""要思索，要权衡！"这就是正确读书的秘诀。为了帮助读者获得这方面的能力，我将为大家提供以下阅读方面的指导。

阅读训练的10种方法

训练第1法

在我们开始阅读之前，要先挑选一本有价值的书。拿到书以后，你应该先仔细看一下书名，根据书名，在大脑中认真思考一下这本书的作者将要表达的内容是什么。用字典将书名中每个单词的意思都找出来，例如，当看到《美国历史》这本书时，你可以思考一下历史是什么？被记录下来的历史又是什么？真实的历史与史书中的历史有着怎样的差别？"美国"这个词意味着什么？这个名称的由来是什么？

然后，再看一下该书作者的名字，在阅读正文以前，先了解一下作者的生平简介，看一下他在文学或者史学中所处的地位。这样，你就会清楚应该对这个人的作品给予何种程度的重视？

当你完成上面说的两个任务以后，你就可以打开书去看目录了。通过阅读目录，你就可以对该书的主要内容和写作目的有一个大概的了解。假如在你看来，这本书的内容似乎不是十分明确，那么你就可以放弃这本书再另选一本了。在人生当中，无论读哪本书都应该要有一个像这样精挑细选的过程。

训练第2法

假如在了解了该书的作者和主要内容以后，你仍然希望继续阅读这本书，那么请你再仔细地阅读一下前言部分。阅读完后，请你认真思考一下作者在前言中所说的内容。根据自己的判断，你认为这个前言有着怎样的作用？在以后的阅读过程中，你一定要养成这样的习惯。

训练第3法

假如这本书有内容简介，那么请你务必认真地阅读一遍。一旦忘记读内容简介，那么在后面的正文阅读中许多地方都有可能被误解。在读完以后，回忆一下内容简介的主要内容。然后，向自己提出这样一个问题——“为什么作者会写这个内容简介，或者作者在内容简介里究竟说了哪方面的内容？当进行到这一步的时候，你也许早在阅读之前就已经将书抛到一边去了。假如你想严肃认真地阅读一本书时，必须要养成这个习惯。

训练第4法

如果你开始正式阅读了，那么一定要精读这本书的前25页。然后看一下，你在这25页里是否阅读到了一些新鲜、有趣，或是在你看来对自己有价值的内容。如果你在读完这25页以后，没有发现丝毫让你感到新鲜、有趣以及有价值的内容，那么估计用不了多久，这本书就得被放在甩货的架子上。当然，这个规律并非是绝对的。

读书好比淘金，价值连城的金矿是不会随随便便就被人发现的。当人们在阅读乔治·艾略特的一些作品时，往往要付出多于阅读其他著作几倍的辛苦，才可以将注意力完全集中到书中。可是，一旦你完全沉浸到书中，就会像被施了魔法一样无法自拔，再也无法摆脱这种神奇的力量。许多畅销一时的书往往都经不起时间的考验，这样的书过两年再看就会感觉索然无味。

另外，读者自身的品位也是读书最主要的因素。有些读者偏好那些“甜得发腻”的美丽或“完美无瑕”的优雅，那么他或许会对一些内容肤浅、文字优美的著作感兴趣。这种倾向完全偏离了那些高级知识分子的品位和文学批评的标准。因为那些高级知识分子只对那些高于一般水准、真正有内涵、有分量的作品感兴趣。对于一位阅读品位很高的读者来说，假如他在前25页里没有发现一些有价值的内容，那么只能说明这本书的作者水平有限，或是其作品根本不值得一读。

训练第5法

假如你仍然想继续阅读这本书，那么你一定要再回过头来认真阅读这本书正文中的第一句话。当你重读这句话的时候，要格外注意。要搞清楚这句话的主语、谓语、宾语分别是什么？这句话的每个单词的意思是什么？假如它们听起来比较抽象，那么试着将它们变成你自己的语言。对于这句话的内容，一定要认真思考，要彻底、深入地搞明白。如果这句话描述的是某种物体，那么请根据它的描述在脑海中想象出它的样子。如果这句话所表达的是某种行为，那么要看一看它所表达的行为究竟是什么，并且努力在头脑中将这个行动的场景构思出来。如果这句话非常长，而且阅读起来也有些晦涩拗口，那么就尽自己最大努力去理解它所表达的意思，就好像是理解“存在”“状态”“行动”这样比较抽象的词一样。然后，将这句话仔细的再读一遍，将每个部分的思想都综合起来。这样就会对这句话所要表达的思想有一个清晰的把握。要学会将作者的思想变成自己的语言。不要死记硬背，要不断地思考。

以这样细致的方法将正文的第一段阅读一下。然后，将这一段的中心思想用自己的语言概括一下。在以后的阅读过程中，将这个细致深入的分析性阅读方法一直延续下去，直到你已经充分了解了第一章的中心思想。这时，将你的读书笔记都收起来，仅凭借自己的回忆用连贯的语言写出第一章的主要内容。

以相同的方法来读这本书，假如你严格遵循这个阅读方法，那么你就根本不需要对这本书进行第二次阅读。当阅读一本书时，精读的收获要远远大于走马观花式的阅读许多本书。实践证明，由于这种练习方法是以特定的大脑思维为基础，因此这个练习方法是十分有价值的。当我们阅读的时候，眼睛会变得十分迅速和敏锐，它可以将一些模糊的观点连起来，并在读者头脑中形成一幅幅清晰的画面，这样一来，读者就可以从阅读中找到极大的乐趣。为了让读者真正领会这些写在白纸黑字上的内容，还应该将这些图像拆散开来，然后对每个部分进行认真思考。

要想做到这一点，就一定要注意观察细节，而且还对每个词的意思都做清楚地领会。也许我们能明白整句话所表达的意思，但是却并不一定认识这句话中的所有单词。假如是这样的话，那么你或许就会错过这句话中最重要的部分。穆勒在其著作《心理要素》中写道："假设我向窗外看去，看到一匹奔跑的黑马。由于这幅景象出现在我的想象中，所有在我用语言将它描述出来以前，它仅仅是一个整体的形象。可是，如果我要把它写出来，就必须要对这个形象进行拆分、解析。我必须要将这种动物称为“马”，颜色是“黑”的，它正在做的动作是“奔跑”，它奔跑起来“飞快”，我必须要在“马”这个名词之前加上一些定冠词或不定冠词。当这几个部分都具备以后，这句话连贯起来就是一匹黑马在飞快地奔跑。这句话被划分成了五个独立的限定成分，而且每一个限定都是用一个单词进行描述。有句谚语说得好：假如没说明白，就不能算是完成。将中心思想运用自己的语言表达出来能够从某些事实中得以体现，就像上面所举的作家例子告诉我们的那样，尽管它对语言的斟酌来说意义不大，可是在阅读的时候，却需要在自己的头脑中将每句话的具体意象都呈现出来。

训练第6法

不管你在阅读哪一本书，必须要用笔在一些关键且有价值的句子或者段落上做好记录，并在书后面的空白页码处做好索引。即使这本书的后面原本就有了印好的索引附录，那也没关系，因为自己在阅读过程中做出的索引才会更有帮助。

训练第7法

在阅读过程中，应该对文中的每个章节都进行细致深入的分析，并且在你认为比较重要的段落上做好记录、编号或者排序。当阅读到每一章的结尾时，你可以重新温故一下这些重点知识，并将它们深深地印在头脑里。这将对训练第5法非常有帮助。

训练第8法

如果你在阅读的时候喜欢大声朗读出来，那么就尽量将作者所提出的重点问题默记在大脑里，并将它们记录在纸上。然后，将作者的中心思想转化为自己的语言，连贯地叙述出来，你可以请朋友来纠正你的错误之处。尽量保持并继续这样的练习，越久越好。

训练第9法

当然，你也可以邀请一些朋友来共同对书中的问题进行探讨，但前提是，你们一定要对作者所要表达的意思完全领会。

训练第10法

假如这本书的作者非常出名，可是书的内容却并不好，或者他的观点带着某种明显的倾向性，很明显是在有目的地陈述他的观点，那么在阅读的过程中要带着一种质疑的态度。对于他的主张和看法，不可以轻而易举地接受。

一定要以一种客观、公正的角度来看待他所讨论的问题。要认真地思考他所举出的例子是否真实，看他所引用的材料来源是否准确，是否解释出了材料作者的真实意思。对他所提出的论点进行审查，看看是否存在漏洞。对于他的观点，我们可以宽容地去看待，但是在恰当的时候要敢于向他提出质疑。不能过于轻率地否定或者赞同他的观点。真理是相对的，也许你今天否定的东西明天就变成了真理，而原本你接受的观点则成了谬论。

大量的阅读不仅可以帮助你积累事实、分析现状，而且会陶冶情操、丰富生活经验，最终让你变成一个具有远见的人。如果你的自控力薄弱，那么一定不要去姑息迁就。虽然我们提供的训练让人刚开始时感到十分单调乏味，但是只要你付出大量的时间、足够的耐心以及顽强的毅力，那么你就会越来越轻松自如地运用自控力，它们会让你感觉愉悦和快乐。你只需要牢记两个秘诀：第一，正确的阅读方法；第二，持之以恒的自控力。在你的精神之中，坚强的自控力一定要贯穿始终。这样它才会汲取书本中的知识。如果你能完全领会一本书的内容，那么你的自控力将会得到进一步的增强。

第14章　思维训练

思考让你变成智者

现如今，能称得上真正高明的思考几乎已经看不到了。有些人在思考时常常喜欢用一些华丽的辞藻，喜欢引用大量术语和专业词汇，可真正意义上的思考却非常少。

我们不妨用一个简单的例子说明一下，当那些以最简单的语言形式的新事物在我们面前出现时，我们总会说："我不懂，它对我们来说太深奥了。"其实，理解新事物的真正困难不在于它的难易程度，而是熟悉程度。对于普通人来说，狭隘往往会使他的思想受到局限。而如果一个人以一种狭隘的眼光去看待整个世界，就会发现耀眼的阳光变得混沌，宝石也只不过只是马路两旁不起眼的石子罢了。

对于新事物的理解，最大的困难不是其本身的复杂而在于人们的惰性。一个人要想生存就必须要付出艰辛与汗水。可是，当一个人在汲取营养物质和锻炼身体时，则并不需要思维。很多人不喜欢思考，因为思考会让他们感到疲惫不堪，久而久之就开始厌倦。的确，在我们的生活中，有许多日常事务都是程序化的，这些事务可以让人不用思考就可以完成。在这个世界上，每天都有许多所谓的“文学”作品诞生，可是大多数读者仅仅是为了缓解紧张的情绪才去随便地读上一读，这样做反倒让自己的思想变得更加浅薄，更加不会读书。

如果我们能对事物之间的联系进行层次分明的洞察，那好比是往银行里存钱，存到银行里面的钱越多，所得到的利息就会越多。如果一个人有能力彻底弄清某个问题，那么就可以成为一个生活的智者。那么，怎样才能拥有这种能力呢？其实，这种能力完全能够通过自己的努力而获得。无论你什么时候决定努力，都来得及，但前提是你必须要树立坚定的信心，要有坚持不懈的精神，最关键的是你要运用强大的自控力。

有人认为，如果想做一个高人一等的思想者，就必须成为一个各个方面都非常完美的人，并且要非常了解判断分析的逻辑推理过程。这样的观点实在是大错特错。能够掌握逻辑推理固然可以对思想产生非常大的帮助，可是逻辑毕竟只是思想的一个产物，而他们这种观点恰好将两者弄颠倒了。只要能持续地用正确的方式进行思考，那么，在积累一段时间后，就必然会形成一个行之有效的逻辑推理体系；尽管这个人自己并没有意识到这一点。一定要记住，高明的思想或许与一般性的常识相符合，或许与它相背离。而经验就是思想唯一的老师，可是经验发生重复的情况非常少，许多已经发生过一次的事情几乎不可能会以相同的方式再次发生，因为即使两次看起来有些相似，但再次发生的事情中必然会产生一些新的因素，因此，运用常识实际上是一个推测的过程，是根据一件事情来推及另一件事情的分析过程。所以，作为一个极其高明的思想者，一定要储备大量的常识。

对于有些职业来说，工作时所依靠的并不是常识而是系统的思考，比如医生、律师、水手、工程师、农民、商人以及政治家。但是他们在思考问题的时候偶尔也会参照常识。系统的思考必须要做到条理分明，要想避免错误与失败，就要进行连贯、深刻、清楚的思考，这样的思考更是与迷信、伪科学、反人性的信仰、失控的情感、怪癖以及狂热痴迷格格不入的。

从自控力的角度来说，一个自控力不坚定的人是无法进行深入且持久的思考的。一切的思考都离不开审时度势、分析优劣的能力，而一切自愿的思考都会让自控力得到增强。

思维训练的8种方法

训练第1法

挑选出一则既简单又有意义的名言。排除思想上的一切干扰，将所有注意力都集中到这则名言上。例如，就“人是不朽的”这句话来说，请你只注意思考人的不朽性。从所有能思考到的角度出发，彻底考虑人的不朽性。人拥有身体，那么身体是什么？身体能不朽吗，能永远不朽吗？假如不是，那么这两个问题的答案就全部是否定的。然后，请你考虑一下否定的原因。假如回答都是肯定的，那么请你考虑一下为什么是肯定的，以及从哪种意义来说是肯定的？

人还拥有大脑，那么大脑是什么？人的思维能够不朽吗？假如答案是肯定的，那么请再考虑哪些思维是不朽的？你为什么会觉得它是不朽的？假如大脑可以不朽，那它的价值是什么？人具有道德意识。什么是道德意识？它也是不朽的吗？它的不朽性表现在哪些意义上？在道德意识里，什么样的因素是不朽的？其不朽的原因是什么？作为具有道德意识的实体，他的不朽性的价值体现在什么地方呢？

然后，你可以对这种“不朽性”进行深入思考。不朽是什么？你要以各种方式去思考人与不朽性之间存在的关系。人与不朽性之间有着怎样的关系？不朽性是否包含着一些与人相关的状态？这些状态是否真实？从你的角度来看，在不朽性的意义上，人究竟有着怎样的地位？

你认为，如果人要变得不朽，应该需要一个怎样的过程？人在离开这个世界的时候，所达到的状态应该是什么样的？人死了以后会去什么地方？他在那里干什么？他现在的状况与所预想的将来状况之间有着怎样的联系？在他的思想中，有关不行的想法是从什么地方来的？这样的想法会对他的生活造成哪些方面的影响？ 为什么人需要变得不朽？当你一想“人”这个词的时候，一定要先考虑到他的“不朽性”，而想到“不朽性”的时候，也一定要联想到“人”这个概念。以上仅仅是我举出的一个例子。类似这样的训练每天都应该坚持，你可以每天换一个不相同的句子或者概念，一直这样坚持下去。在坚持练习的同时，也要做好训练记录，以便自己可以进行一些对比，看一看自己对问题的理解分析能力、注意力以及坚持不懈的自控力有了怎样的进步。相信在坚持半年以后，你会感觉到自己有了明显的进步，而且还会越来越喜欢这个训练方法。

假如你能够非常严格地按照我所提供的方法去做，那么你一定会发现，自己已经养成了当机立断的做事习惯。假如你能够持之以恒地坚持下去，那么你就一定会成功。

训练第2法

假如此时你正骑着马儿奔跑在一条乡间的小路上，那么请你欣赏一下周围的风景。如果你认为周围的景色十分漂亮，那么请思考一下是哪些东西让你感觉漂亮呢？请你针对这个问题给出自己的答案。然后，再次深入到对眼前景色的思考中。将“什么是风景”这个问题仔细想明白。

随后，继续思考，这里的风景是什么样的？你可以仔细观察一下风景的大概情况以及有哪些突出的特点。这里的风景有什么与众不同的特点让你感觉它十分漂亮呢？你可以从一些细节方面进行观察。这些细节有哪些漂亮的地方呢？对于风景的整体而言，这些美观的细节起到了怎样的作用呢？如果想让这些风景变得更加漂亮，需要进行怎样的改进呢？对某个地方进行改动是否可以增强整个风景的美感呢？这个风景所有让人感觉美的因素你是否都已经发现了呢？如果你以后再次开车路过这个相同的地方时，请再思考一下这些问题：对于这一片乡村，你是否有种熟悉的感觉？原来的它是不是要比现在更加漂亮？你是否听说过其他人称赞这个乡村的美丽？假如你不曾听过，那么你认为原因是什么？另外，还有一个问题，你确信你对美的判断标准是正确的吗？你认为这里风景漂亮，其他人也是否这样认为呢？或者其他人认为漂亮的地方，你是否也深有同感呢？其他人所看到的颜色、形状、轮廓、比例、强弱对比以及错综交织的搭配是否与你看见的一样呢？你认为这样优美的风景是否唤醒了他们相同的情感、思想以及愿望呢？在经过一个这样的思考过程以后，你的头脑开始渐渐沉浸到了自主且井井有条的思考当中。在骑马时一定要注意，别让你的马跑到路边的水沟里。假如你严格按照我所提供的训练方法去做，那么此刻你正在进行全神贯注的思考。

一切伟大的思想都源自于集中的注意力。每次做这个训练的时候，你可以依据实际情况进行灵活变动，因为身处的机会与场合不同，你所思考的主要问题也是各不相同的。这个训练至少要坚持练习半年，每天都应该用这个方法引导自己。

训练第3法

挑选出一个比较简单的句子进行思考。例如，“在生命过程中，成功取决于崇高的理想和坚定的毅力。”先将这句话完整地写在纸上。然后，找出这句话的主干部分：成功——取决于——理想——毅力。仔细地思考这几个词的含义，然后想一想每个词前面应该给出的修饰限定词。于是，这句话就变成了：

生命——崇高——坚定。

成功——取决于——理想——毅力。

你可以随意对这两个句子框架进行填补，但在内容上必须要同原句保持一样。“生命的价值在于理想与毅力”，这句话所指的是真正的成功。而真正意义上的成功就是拥有崇高的理想与坚定的毅力。

同理，第二句话可以补充为：“成功的性质取决于理想的性质与毅力的性质。”假如一个人所拥有的理想或毅力是鄙俗的，那么他所取得的成功也必定是鄙俗的。所以“生命的价值在于崇高的理想和坚定的毅力。”根据上面所举出的例子，你可以选择不同的句子坚持训练半年。

训练第4法

将上述练习所用到的例句全部写下来，作为例子。“在生命的过程中，成功取决于崇高的理想和坚定的毅力。”现在围绕“理想”这个词，仔细考虑这句话的前半部分，你可以试着用像“怎么样”“为什么”“何时”“何地”“什么人”等疑问代词进行提问。“崇高理想是怎样来对成功起决定作用的？”“为什么说在生命的过程中，崇高理想对成功起决定作用？”“崇高理想的哪些方面对成功起决定作用？”“在什么情况下崇高的理想对成功起决定作用？”

你可以像这样一直提问下去，直到用完全部疑问代词，同时，在纸上写出每个问题的完整答案。然后再将提问转移到这句话的后半句，用“坚定的毅力”来替换“崇高的理想”，用同样的疑问代词来对这句话进行提问，也要将问题的完整答案写在纸上。最后，将这句话连贯起来，用“什么人”进行提问。等到回答完所有的问题以后，认真看一下自己在纸上写下来的所有回答，以一种符合逻辑的方式对它们进行排列，然后用这些现成的材料写一篇短文。你就会发现利用这个方法可以为所有问题找到突破口。这样的训练至少要坚持练习半年。我在这里不过是举一个例子，而且这个例子也不是很全面。当你用其他句子练习时，可以将一句话或者一个问题的每个单词和词组都逐个替换成其他内容来进行思考。

当你练习一个阶段以后，你的大脑在进行类似的分析与思考时就会变得驾轻就熟而且还能够深入其中，如此一来，你所看过的一切具有价值的事物都会为你揭开某种秘密。单凭它具有这样的功能，就值得每个人为之努力。

训练第5法

假如仅仅做到集中所有的注意力就能够写出脍炙人口的文章，那么不管写的如何，只要是进行思考的人就能够进行写作。对于思考来说，写作是一种十分行之有效的辅助方式。当你尝试去写作的时候，你也许会发现原来自己所了解的东西不过只是一种模模糊糊的意识。

现在，请你任意去想某个事物、事实、真相、规律或者假设。比如说，万有引力定律。然后，请你根据万有引力定律，尽可能地多提出一些问题。

试着用我上个训练方法中所提过的“怎样”“什么人”“为什么”“何时”“何地”“在怎样的条件下”“多长时间”等疑问代词进行发问。例如，什么是万有引力定律？它适用于哪些物体？它可以在什么情况下发挥作用？它是怎样发挥作用的？等等，直到你将可能想到的问题都问完为止。然后从不同的角度或者不同的情况下去思考这个问题。将它所具有的性质、作用、原因、结果和同其他自然力的关系统统找出来，要追根究底。将这个概念彻底搓烂捣碎，并且完全消化。将所提出问题的全部答案都一字不漏地整理出来。然后，选择一个恰当的逻辑关系将这些问题答案以适合的顺序进行排列。现在，当你看着眼前的这些材料，你就发现不时会有新的想法涌现出来。于是，根据新的想法将这些问题重新排序，再将它们全部记录下来。最后，选择最好的方法将这些总结写下来。类似这样的训练至少要坚持半年以上。

此外，你还应该仔细研究一些，作为文笔简练、优美的作家是如何进行细致入微的表达的？是如何对某些情形和场合进行正确的形容的？在训练的过程中，你可以回过头去看看自己的原来的记录，这样就可以明显的看出自己的写作能力与解决问题的能力有了哪些进步？

在写作的过程中，一定要时刻注意，叙述要尽量简短简要。杜绝一些夸大的词汇，你可以试着将文章中的修饰限定词砍掉2/3。不管在什么时候情况下，都应该努力以最少的词汇来描述最多的内容。

训练第6法

在思考问题时，一定要特别认真，就像将这个问题写出来那样全面、清晰。要牢记思考的内容，但最好不要逐字逐句地记，如果内容非常多的话，你可以利用几天的时间来进行，直到在你的头脑中已经产生了非常完整的核心思想，而且随时都可以将其写下来为止。你应该在心里想着，要像我们平时与他人交流一样将思想表达出来。对于某个问题，如果你已经彻底掌握了它，那么你就可以将你的思想大声表述出来。

你可以邀请朋友们来听你演说。演讲的时候，要尽量做到热情高涨、振奋人心。在这个世界上，每一个人都可以被振奋的精神所感染，你也可以利用一些手势来增加你演说的力度。要有一种无惧的心态，别总是担心会出现错误。你要怀着满腔热忱将这件事情做好，同时也要将与此无关的事情全都忘记。要怀着无比坚定的信心来做这次演说，就好像这个原理是第一次公布于众那样。这个训练至少应该坚持几个月。你可以每天利用一点时间进行专门训练，你会看到，这个训练的效果是非常显著的。在你的周围，几乎一切的现实事物都能够成为你的思考对象，比如商业、政治、农业、工业等。

在经过一段时间的训练以后，你可以绕开一些普通话题，而尽量去挑选一些如党派、种植芹菜、气体的液化等研究领域比较窄的话题来使思考的难度加大。

训练第7法

尽量自己发现出现在思考的过程中的漏洞。例如，你的主要前提是不是正确？你所选择的表达词汇是否恰当？根据你的前提能否得出最后的结论？你相信某些事物和现象的原因是什么？构成这些事实与现象的基础是否准确无疑？事实的数量是否大到能够作为最后结论的基础？当你在分析事实的时候，是否存在先入为主的倾向性？

你在思考这个问题的时候，是否觉得自己带有一些主观愿望和偏见？或是否缺乏某些方面的必要知识？你必须要确保事实的真实可靠性，而且只能根据真实的事实演绎出这个结论而不是那个结论。

训练第8法

利用上述的方法对其他人的思想进行分析。既不能成为一个单调乏味的人，也不能成为一个鸡蛋里挑骨头的人。恰好相反，你一定要确保全部的理由都可以为你得出的这个结论提供支持。就像我在另一本书中所谈到的那样："精神层面一旦对追求事实的真相发生了倾向，那么就说明头脑是健康且明智的。"

我们之所以研究专心思考，主要是为了帮助大家养成良好的习惯。帮助大家掌握对眼前事物产生影响的各个方面，洞察一切可能的原因与结果，并在这个基础上作出"做"与"不做"的判断。一个缺乏全面思考问题习惯的人极容易变得自私狭隘且遭人厌恶。然而，对眼前事物的一切可能性进行挖掘并分析的过程却充其量只是全面思考的一个部分。

"专心地思考"会让你看到自己思考的目的与方向，重要的是，你必须要付诸行动，应该将行动摆在一切重要问题之前。对于成功来说，它不但需要大量专注的思考，而且更需要思考之后所采取的果断行动。

第15章 记忆力训练

记忆的特征

大脑最喜欢对哪一类的事物产生记忆呢?

大脑和记忆喜欢在脑海中对图像进行构思。

大脑和记忆对一些抽象概念比较关注。

大脑和记忆尤其对原则问题感兴趣。

大脑和记忆喜欢对规律进行拓展。

大脑和记忆比较关注事物的一些细微之处。

大脑和记忆习惯于从总体把握事物。

大脑和记忆对喜悦与疼痛的印象总是特别深刻。

大脑和记忆还会对数字与日期产生清晰的印象。

大脑和记忆对主观所获得的感觉尤为敏感。

目前，我们每个普通人可能都在某种程度上具备了我们以上提及的这些特点。可是，每个人却未必可以完美地拥有这些全部的特点。对于人类来说，大脑的类型主要取决于占主导地位的特点。记忆也同样如此。假如你的记忆类型与上述某些特点相符合，假如你希望自己某些方面的特点能够得到提高，那么你就应该针对这些特点进行专门的、坚持不懈的练习，最终形成固定的习惯，并向着既定的方向努力。决心——注意力——坚持不懈——不断反复——联想——习惯，这几个词是你特别应该需要注意的，因此这几个词汇表示你所要付出努力的程度以及方向。

我们不妨以记忆细节为例，你是否常常记不清事情的细节呢？如果是的话，你首先应该要具有改进这一点的决心，然后随时随地都在脑海中考虑着这个问题，并有意识地去克服自己这个缺点，要将记忆的每个细节都与自己可以想象出来的其他迹象进行联系，培养时时注意细节的习惯。

人们之所以会遗忘一些事情，一部分原因就在于他们从开始就根本没有关注。在某些时候，的确会产生一些最初的记忆，可是这样的记忆不仅短暂而且不深刻。因此，“我还以为我的工作已经结束了，可没想到它不过才刚刚开始。”这句话最能够表现出这样的情况。对我们大部分人来说，问题恰恰就出在这里，我们总以为记忆是十分牢固的，可其实，在这个过程中，还应该反复巩固与复习。

记忆力训练的15种方法

训练第1法

随便挑一篇你认为语言简洁明了、通俗易懂的英语短文。然后，认真地阅读短文中的某一个段落，弄明白段落中每个词语的含义。如果你对某个单词存有疑惑，你可以借助字典。节省下一个月的开支买一本比较好的字典。如果你对第一句话中的每个单词的意思都知之甚深，那么你自然也就会理解这句话的意思。当你阅读时，千万别像鹦鹉学舌那样生搬硬套，一定要学会思考，而且要有意识地记住这些词汇及其含义。当你明白了这句话以后，按照这样的方法继续坚持下去，直到你可以轻松地将这一部分背诵出来为止。

接着，以同样的方法阅读和记忆后面的部分，将这篇短文牢牢地刻在大脑里。此时，你可以回想一下自己目前为止所记下来的内容，并不断地记忆，在这个过程里，你必须要集中所有的精力，聚精会神。一定要记住，千万别强迫自己一次记下太多的单词，你可以根据自己的情况判断出，自己每次记下多少个单词才是最合适的。一定不要忘记每个单词所代表的含义。同一个单词在不同的语境里常常可以有多个含义，一定要注意它在这篇短文中的含义是什么。

假如在一天当中，你可以将这个句子重复记忆多遍，那么很快，这句话就会在你的头脑中根深蒂固。假如你隔天再次重复这个训练，回想这句话并且开始记忆下一句话，那么第一句话就会在你的记忆里留下更深刻的印象，而第二句话也会像第一句话那样得到更加充分的理解。进行多次重复的连续已经不是什么新观点。可是，这个训练所具有的价值不仅在于对单词记忆的重复，更在于一种专心致志地思考与理解。因此，每当你重复记忆某个单词的时候，一定要对单词所表达的含义进行仔细研究，以便掌握它们的不同含义。

例如，当你背诵一首诗歌或者一篇散文的时候，在逐字逐句了解了每个单词的含义以后，你必须要经常从头至尾将这首诗歌或者这篇散文重复几次。你可以隔几天再温习一次，或者隔几个星期再温习一次。这样一来，这首诗或这篇散文就会在一个比较短的时间里，牢牢扎根在你的记忆之中。为了防止这首诗或这篇散文从你的记忆中不知不觉地“溜走”，你可以每年温习一两次。

假如你仅仅对内容比较感兴趣，那么在以后的交谈或者写作时，你可以尽量利用到它们，将它充分运用到你自己的材料当中，这样一来，你就能够将它深深地印在自己的头脑中了。如果你能做到这些，那么原文的字词语句的重要性就不是很大了。

在阅读过程中，你会发现，有些书不值得我们花费很大的精力去阅读，但是有些书经过认真仔细地阅读以后却能带给我们相当大的回报。就算你一年只掌握薄薄的一本书，随着时间的推移，也将会看显著的结果。

当然，如果从书的内容上而不是它的字词语句上讲，值得精读的书的确不多，非常少。如果在你看来，一本书从某种程度上说技术性或者专业性都不是很强，那么你可以通过下面这个方法进行获取。

训练第2法

在正式开始阅读之前，一定要先对这本书的内容做一个大概了解。你可以仔细认真地阅读其中的某个部分，而且一定要搞清楚每个单词的含义以及整句话的意思，并且要充分理解这句话所表达的完整事实或者理论，然后用自己的话将这句话的中心思想大声地说出来。再次阅读，将这句话的内容通过不同的表达方式讲出来，无论是以作者的原话还是你自己的语言。

设想一下，当你在与某人进行谈话时，你可以将这段内容背诵给他听，一定要让他认真地听，就像是你要将这段内容全部教给他一样。在生活中，你可以随时寻找这样的机会，对你的朋友或者家人做同样的事。你要做一位会讲话的老师，而不是那种故意装模作样妄自尊大。不要让你的说教变得惹人生厌，要尽量成为一个妙语连珠的演讲者，要让所有认识你的人都愿意与你谈话。牢记，对于书本上的内容，一定要尽量将其消化吸收，最后让它们变成你自己的语言。

除了以上所提及的几点注意事项以外，一定要每天把这句话对着自己重复几遍：“这本书所讲述的是在某个地方发生了某件事情。”注意，要讲明白具体的时间和事件的内容。这句话可以适当地多重复几次。当训练我们的记忆力时，你可以选择书的某个部分，然后同时向前和向后进行扩展。当每天训练结束时，你可以将你目前所掌握的内容进行一次整体回顾，然后对照书，看看自己是否有记忆错误的地方。如果你想掌握整个章节的内容，那么请继续下面的练习。

现在，将书合上放在一边，然后试着在头脑中将整章的思想结构都想出来，并将这章的主干部分记下来。对于这一章的内容，你或许仅仅用一两句话就可以概括出来，但或许要用几句话才能够清楚地表达出来。不管怎样，请以你自己的方式总结出这章的内容。

这种方法可以帮助你对整章内容有个全面地了解。然后，每隔一段时间，以相同的方式对这章大致的思想结构进行回忆复习，对原来的总结进行一些详细的修饰限定。现在以相同的方法继续阅读并记忆这本书的第二章。记录在纸上的思想一定要转化成你的语言。你可以在当天阅读以前，回顾一下前一天曾经读过的内容的大致思想。

当你阅读完这本书的第二章以后，请你根据自己的记忆回顾一下这章的大致思想内容。同时，在进行这章的记忆训练时，要再次对前一章的大概内容和具体含义进行一下回顾。注意，一定不能将它们的顺序搞颠倒了。当你记下来第二章的内容以后，你可以不时地想想这两章之间有什么联系。然后，将你目前所读到的内容重新进行综合，建立起一个轮廓，并让它变成自己永久记忆的一个部分。

以相同的方式继续阅读这本书，直到你掌握了这本书的全部内容。在记忆的过程中，不要过于关注那些细枝末节的部分，一些与中心思想毫无关系的语句和段落也可以忽略不计。只有拥有极大的耐心，这样的训练才可以一直坚持下去。在经过这样的训练以后，你一定能够牢牢地把握这本书的中心内容，而你的阅读能力与记忆能力也必将得到大幅度的提高。

假如你已经对这本书的主要内容了如指掌，那么大脑就自然会为你提供相关的例证和语言对它进行充实。假如你阅读的这本书非常有价值，那么你就会获得一种能力——在阅读的时候思考问题会更加周详。当然前提是，你所阅读的内容不是与技术性相关的内容。

训练第3法

找一空房间，并在里面慢慢踱步。在踱步的同时，你可以快速扫视一下房间的摆设与布局，要尽量去关注一些细节之处。然后，离开这个房间，凭着自己的记忆，回想一下你刚才所看到的物品。在练习的时候，一定要集中注意力。要带着一种热情去做这个练习。这个练习需要每天都做，坚持10天，期间可以适当休息两天，每天都将练习的结果记录下来。等到训练结束时，进行一个比较。

训练第4法

当你行走在街上时，认真观察你身旁的事物。每走过一个街区后，要尽量回想一下自己刚才所看到的事物。这个练习需要每天都做，坚持10天，期间可以适当休息两天，每天都将练习的结果记录下来。等到训练结束时，进行一个比较。

训练第5法

每天晚上临睡以前，一定要设定好第二天的起床时间，而且时间一到就要立刻起床。假如这一次没有做到，也不要灰心丧气。只要你努力坚持下去，一定会形成习惯，到起床时间就会自然醒来。这个训练可以一直坚持下去，直到你可以在某一个固定的时间醒来为止。

训练第6法

选择上午的某一个固定时间，每天到这个时间时，就有意识地让自己去想一件固定的事情，训练自己要养成这个习惯。在训练的过程中，你一定要下定决心，但这并不是要你每时每刻都想着这件事情。这件事想完以后，就立刻将它从头脑中抹去，继续像平时一样处理日常事务。这个训练刚一开始做的时候可能会让人感觉很难，可是只要你能够坚持下去，就一定会养成这个习惯。而习惯一经养成，其强大的力量就会逐渐显现出来。

训练第7法

当你放学或者下班时，不妨试着走一走与不同于往常的路。你可以将这个计划作为自己坚定的决心，而且要以实际行动去实践这个决定。

训练第8法

在你上学放学或者上下班的路上，尽量多走与出门时计划不同的路线。一定不要让自己偏离这个计划。每当走过一条新路线以后，就再设计一条第二天要走的新路。

训练第9法

每当新的一天开始时，就应该做好这一天的活动计划。要尽量将每一件事情都安排得井井有条。要做自己的主人。在将一天的事情做好计划以后，假如可以实现的话，请尽量尝试用不同的方法去实现。每一次只计划一天以内的事情，除非你计划去做的事情很难在一天之内完成，假如是这样的话，请把一些比较特殊的事情放到上午去做。当你实施计划时，一定要秉着认真、坚决的态度，对于事情的具体细节问题，不要考虑过多，以免让自己的整个计划受到干扰。在做每件事情时，尽量按照计划去执行，但千万不能将计划视为一种不必要的负担。你只需在计划当中对自己即将要做的事情应该实现的结果作出规定即可，至于事情的一些细枝末节方面，你可以依据当时具体情况来决定。

训练第10法

每个晚上都仔细回顾一下自己在这一天当中所产生的想法，所做的事情，并认真思考一下，在所有想法中，最有价值的有哪些？自己最强烈的感受有哪些？最关键的行动有哪些？自己的计划是否得以实现？假如没有实现，那么原因又是什么？从你的思想、情感以及行为方面来看，需要进行什么样的改善与提高？你的动机是怎样的？你的这些动机是不是非常明智，是不是有价值？这一次如果做得不够好，就下定决心在第二天做得更好，在作第二天的计划时，要将决心也包括到里面。

以上所给出的建议是建立在大脑思维的规律基础上的。假如在你看来它们既没有意义又枯燥乏味，这就证明你的自控力不够坚强，非常容易动摇。

詹姆斯·萨利博士认为这是一条规律，他曾说过："如果我们可以预见事情即将出现的结果，那么自控力的范围就会扩大。所以，每个人的日常生活只要能够做到井井有条，按照既定的做事计划，这些就可能会变成自己有意识的决心。就像之前所说的，将行动控制在自己的意识之下，就会成为一种习惯性的决心。在任意情况下，这种决心可以以某种方式做某些事情。”

训练第11法

将每天坚持学习一些新事物作为自己一生不变的习惯。特别要尽量去发现一些自己专业以外的新鲜事物。这不仅是对自己毅力的一种检验，同时也是一种提高记忆力的方法。

训练第12法

常常将时间和事件牢记在自己的头脑之中，并时常进行回顾，让自己对这段回忆保持记忆。学会将历史事件的日期在头脑中进行串联，并常常复习。

训练第13法

将能够吸引人们注意力的事情排列出来，并且用简练的语言对这些事件的大致内容进行概括，然后牢记在头脑当中，并常常进行回忆。

训练第14法

在头脑里罗列出一些比较重要的名字，如美国现任总统的名字、英国王室成员的名字、美国海军舰队等。

训练第15法

下面这六个方法对于改善记忆力也有非常大的帮助：

1. 坚决且有意识地对真理进行支持。

2. 无论身在何处，都应该对自己的观察力进行培养。

3. 随时随地将所学的东西当成一种辅助手段，在它的引导下学习、生活。

4. 记忆时，请将事件、地点等元素用自然或逻辑顺序进行排列。

5. 学会用一般原则对知识点进行分析。

6. 一定要记住，当对某件事情一知半解时，千万不要满足，更不能因此而窃喜不已。

第16章 想象力训练

想象力是人类进步的阶梯

想象力可以被称为大脑的奇迹之一。从原始社会直到现在，在多个世纪的变迁以及社会制度的更替中，想象力都是人类发展的前提与基础。

一位作家曾经说过："具有建设性的想象力是人类物质文明发展的唯一阶梯。在人类社会出现的早期阶段，人们正是凭借着那些充满建设性的想象力，在智慧的辅助之下，才开始去探索并征服整个世界的。每当冬季来临之时，人们通过想象力将动物的皮毛做成衣物穿在身体上抵御严寒。在人类征服自然的过程中，烟囱、炉子、马车、火车都是里程碑，它们体现出了人类想象力在大踏步的向前发展。只要将人们的意愿付诸实践，就能够将梦想变成现实。每当我们给别人讲故事并希望他们能够完全理解的时候，每当我们非常生动地描述某个地方或者某处风景的时候，每当我们将在书本里看到的故事或者在路上的见闻讲给他人听，让其印象鲜活生动的时候，我们的想象力都得到了培养。让我们试着为他人描述一片草地、一簇灌木、一棵苹果树、一条河流、日出的清晨、夏季的夜空吧，这些将成为培养想象力的最佳途径。假如你的描述让别人感觉到不是那么沉闷乏味，那么景物的生动活泼都是由于你想象力的丰富活跃。”

在人类的发展史上，个人的进步和发展构成了整个社会文明的进步与发展。而那些看似微不足道的个人之所以能够获得如此伟大的事业，就是因为他们利用了正确的手段让自己健康的意愿得以实现。个人进步与发展的一切法则都是一种对于自我的适应和调整。这条法则或许对你有用，你需要不断培养并且正确地发挥自己的才能，利用好你与这个世界之间的关系。恰恰是从这个角度来讲，想象力是最关键的。那么，究竟如何训练我们的想象力呢？首先，你要做的就是回答一个问题：你是谁？然后，再决定做出怎样的自我调整以适应这个世界。

想象力的种类非常多，比如有科学方面的、数学方面的、发明性质的、哲学艺术方面的等，但是道德方面的想象力一直以来都被人们认为是最重要的，它处于所有种类的首位。在这里，除了道德的想象力以外，我们不必过度考虑其他的种类。

在培养想象力的过程中，不只要靠自控力方面的帮助，而且必须要以理智作为基础，对自己的心灵深处进行自我教育，并且树立生活的正确动机。

“所谓成熟的思考就是要将各种可能的要素反复在自己的头脑进行衡量，思考做与不做各有哪些利弊和优劣。”具有预见性的想象力远远好于那些漫无目的的遐想，因为这是一种受到自控力引导的理性思维。

想象力训练的16种方法

训练第1法

发挥你的想象力，去想象在你的面前有一朵漂亮的玫瑰花，并去想象它的芬芳。想象你正站在一座满是玫瑰花的山上，山上飘扬着玫瑰花浓郁的芬芳。玫瑰的芬芳对你会产生怎样的作用呢？在这样的情况之下，你会做些什么呢？你也可以滴一点香水来重复这样的训练。然后想象一下如果整个湖里都装满了香水会产生怎么浓烈的味道。接着，继续发挥你的想象力，想象鸟儿们在一片森林中婉转的歌唱，歌声此起彼伏，到处是一片热闹的景象。

以上这些训练都应该在一间安静的房间里进行。同时，做这些练习的时候，必须要调动自己的自控力将大脑牢牢管住。在进行想象的时候，要尽量做到清晰真切。不断地重复想象直到这幅画面如同真实地展现在眼前一般形象地出现在你的脑海中。

训练第2法

站在一条小溪或瀑布的旁边，然后仔细聆听传入到你耳中的各种声音。当这些声音组合起来的时候，能够形成一种整体的音效。仔细感觉这样的声音听起来像什么？这样的声音能够使你想起什么？它触发了你怎样的情绪？当你对这种整体音效渐渐适应以后，试着去分辨一下，这种音效都是由哪些声音混合形成的？仔细认真地完成这个步骤以后，即将整体音效拆分为不同的组成部分以后，请想象其中的一种声音特别响亮而且清晰，将这个声音尽量想象得响亮一些；接下来继续想象第二种声音，第三种声音，就这样一直继续下去，直到完成全部的声音组合。

在训练的最后阶段，回到一个比较安静的地方，然后在脑海中回想刚才所听到的声音，首先回想一下声音的整体音效，接着再回想一下刚才想象过的每一种声音。反复地重复这项训练，直到自己可以非常随意、轻松地将这些声音想象出来。

训练第3法

在你的记忆里回想起以前看过的漂亮又真实的风景。那些细节之处往往是最难回想起来的地方，但是一定要尽量去回想细节。只有反复地努力让自己去回忆，才能够想象出来。一定要让这个想象中的地方感觉像真的一样，在自己的脑海中清清楚楚地展现出来。

在这个想象的过程中，你应该对自己最初设想的图景进行适时的调整，以便让这片美丽的风景生动的呈现在自己的眼前，始终让大脑保持一种敏锐、积极的想象，然后，你可以换不同的风景进行这项训练，直到你可以随时随地轻松地想象出一种真实的风景。

训练第4法

在头脑中，回想一次留给你深刻印象的经历。然后，在大脑中再一次重新回顾一下当时事情的整个过程，要带着一种强烈专注的感情一点一滴地不断回忆。

回想一下导致这件事情发生的原因和一些细节方面的关联，以及这件事给你带来的影响有哪些？当时，你的感觉是快乐还是痛苦呢？无论你那时候的感觉是怎样的，请说明一下它的原因。这种感觉对于以后的生活产生了哪些方面的后果？你是否愿意再一次体验这个经过？假如你不愿意，那么原因是什么？假如你有机会再做一次相同的事情，你会怎样做？假如你想避免同样的结果在将来发生，你会采取哪些措施？然后，你再去回想各种各样的经历，直到在你的心里深深地记住了做事谨慎和谋而后动的教训为止。

训练第5法

挑选一个比较安静的房间，然后，在自己的大脑中想象一幅图画，这些画面可以是你从未见过的东西，比如一只奇怪的鸟；一只或者珍奇漂亮、或者温顺丑陋的动物；一座富丽堂皇且充满神秘的高大建筑；一片或者富有魅力，或者贫瘠荒芜的原野。你要尽量让自控力控制住大脑的思维方向，以免让大脑陷入一种想入非非的状态。

训练第6法

将眼睛睁大，然后盯着一个较大的物体看，看看这个物体能否会引发你某方面的想象力。假如你盯着的物体是一匹马，那么就想象它长出了翅膀，飞向了遥远的外太空。假如你所看到的是一个线团，那么就将它想象为一张蜘蛛网，当你要将它织成一千件衣服或者利用它进行信息发送时，只要动用意念在上面轻轻一吹即可。你可以尝试用不同的东西进行如此稀奇古怪的想象，直到自己的想象力可以完全在自控力的控制之下自由地激发、收敛以及发散想象的发挥。

训练第7法

挑选出一部著名作家的经典之作，并在其中找出一句话，这句话最好可以体现出丰富的想象力，然后，在大脑中想象这句话所描述的场景。洛威尔在《麋鹿日记》中这样描写道："有时候篱笆伸出它那泛白的犄角，就好像是猎人收获了丰厚猎物。"作者通过这句话告诉了我们，对于普通人来说，敏锐的观察力与丰富的想象力不过是一扫而过的东西，只有那些非比寻常的人才能从中快速捕获更多的信息。

通过训练是能培养出这种能力的。对于那些意志坚定的人来说，这种能力就好似神奇的阿拉丁神灯一般令它的主人所向披靡。就让我们试着去想象一下洛威尔所描述的情景吧！在诗歌里，作者将篱笆想象为泛白的犄角，为什么作者要将犄角想象成泛白的呢？

我们不妨再引用洛威尔的作品中的一句话："四五只潜鸟排成一队，在空中，蜿蜒曲折地飞来飞去，偶尔发出几声既有点野性却有胆怯的鸣叫，这鸣叫声听起来总是那么的遥远，就好像是山谷里那一丝丝连绵不绝的泉水，这种不时传来的似有似无的微小声音，比起让人不安的寂静，更能让山谷显得更加寂寞和空旷。"现在，在你的脑海中，试着去想象一种声音能够使你想起"山谷里那一丝丝连绵不绝的泉水余音"。

假如你曾经听过潜鸟的叫声，那么在脑海里努力想象一幅这样生动的画面。无论你是否听过潜鸟的叫声，都要将你所看到的文字转化成为真实的景象，浮现在自己的脑海之中。一定要集中你的注意力，别去想其他的事情。尽量保持想象出来的场景所带给你的印象与感觉，然后将此场景和自己的感受坚决地排出意念以外。当你的想象被这样的句子激发出来以后，再试着用自己的话将这幅景象描绘出来。在你能够自由的发挥自己的想象力以前，一定要坚持这项训练。

可让我们感觉遗憾的是，不少人都忘记了"认识你自己”这句古老的格言。为了不断地开发自己的这片土地，付出怎样大的努力都是值得的。就像洛威尔曾经说过的：“作为一个人，应该了解自己的所有方面，无论是外在的言行举止还是内在的微妙感触。人只有了解自己，才能了解与探索这个世界。”

一个人的精神历程也大概是相同的。洛威尔引用托马斯·富勒的话说：“在自己内心世界遨游的人，能够畅游任何一条狭长的水道，探索任何一处隐秘的角落，可是我们不是仍然还有许多从未涉足过的领域吗？”当我们进行阅读之前，应该学会如何去阅读；在学习以前，应该学会如何去学习。这些训练内容所针对的都是人类珍贵的天赋机能。这些训练都由一些简单的事情入手，因为这些是最佳的方法。假如你可以认真地按照我所提供的方法去训练自己，那么必将会让你的想象力得到很大程度的提高，特别要强调的一点就是自控力的提高，这无疑是实际生活中最具有价值的品格。一定要坚持训练。

训练第8法

对某个结构简单的机器进行认真研究。搞清楚这台机器的功能。看看这台机器的各个零件以及零件之间的关系。在充分分析一下这台机器的机械原理以后，将眼睛闭上，让其原理在脑海中浮现。逐渐对这台机器进行回想，直到在头脑中形成一幅完整的画面，然后再将这台机器拆分成不同的零件，在自己的头脑中重新将其组装起来。

在训练过程中，你可以尝试用不同的机器进行练习，直到你很轻松就可以看出某部机器的机械原理，在脑海中勾画出其内部结构以及其零部件组成。

训练第9法

在生活中或者工作中，选择一个比较简单但可能特别实用的物品。接下来继续思考，如何通过一系列的合理安排以便实现其价值。但千万不能因为沉迷于这个问题而忽略其他更加重要的事情。

我们最终的目的是要培养想象力，是为了让人们清楚自控力以及自控力的重要作用，而不是要求你成为一个发明家。在这个练习中，必须要让自己的自控力毫不放松。坚持这项练习，直到你可以轻松在头脑中将此物品组装起来为止。

训练第10法

坐下来认真回想一下，自己曾经在生活中犯过的严重错误有哪些？思考一下，当初这样的严重错误是由什么样的动机所导致的。思考一下这些动机之间的关系、动机的强烈程度以及持续的时间。认真地判断自己在做某事之前考虑的周不周全。我想，你会清楚地回忆起自己当时并没有对每个动机都认真地考虑过。

承认自己由于受到了某个动机的诱惑，而完全忽视了其他动机的存在。接下来，回忆一下，当时的选择对你产生了怎样的结果。假如可以重新来过的话，你觉得在哪一方面自己那么做是不对的？假如你当时做出了正确的选择，那么结果又会如何？假定现在你又处在了当时的情况之下，那么依据你所拥有的经验和知识，你将会进行怎样的选择呢？为了避免重蹈覆辙，你一定要将当时所忽略的种种因素都考虑进来，也就是说，你可以将全部的动机集中起来，对每一项进行分析，并不断衡量这些动机的利弊，努力去设想每一种动机所可能导致的结果。同时，一定要确保同样的错误在将来不会再犯。当遇到比较重要的问题时，必须要反复思考再付诸行动。

训练第11法

回想一下自己在旅途中曾经见过的美景。发挥自己的想象力，在头脑中勾勒出一幅这样的景象：深秋的大地上铺满了厚厚一层的落叶，远处有一簇一簇的灌木丛，树上的叶子色彩缤纷、斑斑驳驳，高大的树干支撑起了郁郁葱葱的大伞，阳光由不同的角度照射下来，显得明亮且生动；偶尔有一阵微风穿过那些闪闪发亮的树叶，树叶开始飒飒作响；除了不时吹来的微风和空旷地方传来的几声鸟叫以外，整个森林显得非常安静。松鼠在树丛间、林地上敏捷地跳来跳去；当你置身其中时，就会感觉到自己正身处一片灿烂明朗之地，愉悦且放松的心情不禁油然而生，这让你不得不惊诧于世界的繁华与精致。

你可以尽情的发挥自己的想象力，想象一些像这样的美景。这样的美景让你回忆起了什么？对这些类似的风景之间所存在的相似性或差异性，以及当时它们所带给你的印象与感觉，你要有意识地进行分析。不能不着边际地胡思乱想。这是一件非常严肃认真的训练。

你也可以风景作为基础，想象一种完全不同的景观。这项训练就像之前的所有练习一样，只不过这项训练是由风景的差异性而并非由相似性的角度进行联想的。根据以上要求坚持训练，直到取得成绩为止。

训练第12法

将训练第11法中的风景用以往的经验进行替换练习。首先，你可以对一些相似的经验进行比较，然后再去把一些不同的经验放在一起进行比较。在整个训练的过程中，始终要关注自控力对想象力的控制。

训练第13法

朗读几首富有想象力的诗词。在阅读过程中，对诗词中的每个词语都要做到充分理解，彻底掌握这首诗的意义之后，你可以在自己的头脑中，将这首诗所描述的景象生动地想象出来，并将这首诗所表达的中心思想和作者的情感清楚地写出来。然后，关注这首诗中所出现的每一处想象力丰富奇特之处。从想象力的角度，评价这首诗的不足或是值得赞美之处。

仔细观察一下，这些想象力的要素之间所存在的互相依存、互相作用的关系。然后，分析一些这首诗的想象力之所以值得称赞的秘密武器是什么，它是如何打动人心、让人印象深刻的？思考一下为什么这首诗能够广为流传，它对于人们来说，具有什么样的影响力？将这项训练一直坚持下去，直到你可以熟练地掌握大量的优美诗句。

训练第14法

你可以运用相同的方法去阅读一些名著（并非是小说），将这些著作中的想象部分作为一些有待探索的秘密来进行研究与分析。当进行这项训练时，应该从你的藏书里挑选一些最好的书进行练习。

训练第15法

以相同的方法，对一本小说进行研究分析，并且将小说中的生活情景和人性的问题作为研究对象。当阅读这本小说时，要在头脑里对小说中出现的每一个人物的性格特征都进行分析。掌握小说中的每一位人物，并对其言行举止背后的原因进行研究，分析他们的动机。

要关注他们的家庭出身和生活环境对其所造成的影响。观察小说人物的行为方式是不是与生活实际相符合。假如你是小说中的人物，你会采取与他们不同的行为吗？原因是什么？作为一个旁观者，你可以清楚地发现这些人物动机的错误，当他们在进行选择时，他们并没有充分地考虑其行为所涉及的一切因素，并没有认真衡量哪些动机对他们来说最为有益。继续阅读下去，看看他们的决定导致了怎样的结果。这些结果是顺其自然的吗？从这个人物之前的行为来看，他是否存在进行改进的地方？小说的情节能否描写得更好一些呢？小说中人物性格及其命运的发展是不是还可以更加合情合理一些？这些人物的行为以及他们之间的关系能否做出进一步改进？将这本小说作为现实生活的一部分，运用以上方法进行分析。当你完全理解了小说的内容以后，你可以将小说中的启示运用到自己的实际生活中。将这个训练始终坚持下去，直到你可以掌握最优秀的文学作品。

在训练的过程中，一定时刻牢记“培养想象力”这个目的。你练习的目的是揭示一种行为的动机，判断事情发展的结果是不是合情合理。伴随着运动这样的方式不断地提高自己的想象力与分析能力，你的自控力和决心也会变得越来越坚强。

训练第16法

假定你即将要采取一项非常重要的行动。这项行动涉及你的幸福与利益，因此你一定要避免犯错误。但是面对这若干个选择，你应该怎么做呢？你的选择是不是明智的与你能否充分考虑到动机和结果这两个因素密切相关。假如认为动机就是预先料想的结果，这样的区分未免过于简单化。结果是由动机所引发的一系列反应。假如你的记忆力非常好，那么不妨回想一下以往的经验，这将会对你有非常大的帮助。假如你的想象力足够丰富，那么你就能够明确地找到诱惑自己的动机所在。同时，你也可以这样设想，假如自己作出一项决定，将会有什么样的结果出现。此时，我们以上训练的意义和价值就能够得以体现了。

可是，你首先应该先让这个设想的事件（假如这个是一个真是存在的客观问题就更好了）带有一种现实性和重要性，而且你还必须有强烈的意愿努力将其解决好。

第四篇

不良习惯的根除与自控力的养成

第17章 用自控力改变自己的不良习惯

不良习惯是“杂草”

弗兰西斯·培根曾经说过：“一个人的天性成长就好比是庄稼或者杂草的生长，因此，人们在浇灌一株的同时要锄掉另一株。”我们已经在之前的章节里讨论过这句忠告的前半句了，因此就不在此赘述了，我们现在就要对“杂草”进行铲除。

对于每个人来说，各种各样的习惯构成了生活的一大部分。也许这并非是一件坏事，其实形成某个习惯是人们理智的生活所必不可少的。可是，“习惯”这个词常常是一种固定行为倾向的代表，无论是行为活动还是心理活动，很多时候都是有害、愚蠢，甚至是不道德的。不断地重复是一切习惯形成的最重要的因素，而克服这种反复的倾向或许是将这些有害的“杂草”连根拔起的唯一方法。

坚定的毅力能够轻而易举地应付许多习惯。假如一个人发自内心地认为自己应该戒除这些恶习，而且坚持不懈地付出努力去改正自己的不良习惯，那么他的自控力就会得到锻炼。可是，这就意味着那些长时间养成的习惯与那些消除这些习惯的力量之间必然会发生的较大冲突。因此，为了避免这些冲突，大脑的锻炼，特别是记忆力、想象力和自控力的锻炼就必须树立一个正确的目标。

根除不良习惯首先面对的障碍就是缺乏自制力，其次就是无法准确有力地把握动机和结果，再次就是容易忘记过去的劣迹，最后就是自己不愿意去根治这些不良习惯。为了避免这些不良习惯所造成的影响，一个人必须要将全部注意力都集中在这件事情上，他必须认真地思考不良习惯所产生的原因以及日后造成的后果，然后要树立坚定的决心去摆脱它们的影响，让自己成为一个有着良好习惯的人。

根除说脏话的不良习惯

一个人假如总是脏话连篇，那就说明他的教养太差。脏话就如同垃圾一般，它不仅让那些美妙语言受到了玷污，而且还会制造出许多麻烦，最重要的是它既不体面也缺少道德的。所以，我们千万不要再说脏话！

根除第1法

认真分析一下自己说脏话的习惯，并下定决心要重新做一位体面的绅士。从这一时刻起，坚决不再讲脏话。在心里牢牢记住这一点：讲脏话的人是愚蠢的。一旦你在不经意间又说了脏话，那么千万别轻易放纵自己的过失，一定要严格惩罚自己，一定要比以前更坚定地实现原来的保证。

根除第2法

假如你当着自己心仪女人的面说了脏话，那么你必须要为自己的失礼向她道歉。

根除第3法

假如你仍然没有办法控制讲脏话，那么当你要讲脏话以前，在心里默默的数数，在数数的时候尽量速度放慢，并且带着非常狠的语气，尽量让自己的气愤和怨恨都发泄到这些数字上。

根除第4法

假如你实在控制不了说脏话的习惯，那么你可以在一开始用一些黑话来代替脏话。当你不再说脏话以后，在参照上面的训练将这个习惯彻底改正。即使你仅仅做到了这一步，你也已经表现出了自己坚定的自控力了，没有任何事情比管住自己不说脏话更值得高兴的了。

根除第5法

将你平时喜欢说的脏话记在一个小本子上，并随身携带。没事的时候，拿出来翻一翻，想想这些脏话的意思，这样你就会感觉说脏话是一件非常愚蠢的事情。每一次翻开看的时候，都要下决心将这些脏话从你的词汇里删除掉。我想，只要10天，你就能够永远的改正说脏话这个坏习惯了。

根除夸大其词的不良习惯

如果一个人说话喜欢夸张就会不知不觉养成夸大其词的坏习惯。而若是一直夸大其词下去，一个骗子便由此诞生了。很多人可能并非故意说谎，但却喜欢根据自己的印象将所获得的结论当作事实转告他人。

人们说话时通常很少能考虑到事情的准确性，而总是习惯说“事情是这样的”“他说的”“别人说的”——这些话都是不够准确的。他虽然没有明确地讲出来，但是他其实就是这个意思；你虽然没有明确地讲出来，但是无非就是这个意思；事情虽然不完全是这样，但是大概就差不多。你虽然非常清楚地知道这些情况，但是当你向别人转述时，你希望将这件事情描述得更加生动一些，所以，当你意识到以前就已经开始添枝加叶。你并没有确实地感觉到实际情况，你只不过是将自己的感受添加了进去，于是你仍然滔滔不绝地继续着你的精彩演说。但是简而言之，你没比骗子聪明到哪儿去。

根除第1法

如果一个人在描述一件事情时，所用的语言总是非常少，那么他或许不大会撒谎。一般来讲，这样的人很少会骗人。所以，你一定要养成说话简练的习惯，无论这样的练习需要多么大的耐心和多么长久的练习，你必须要向着这个目标努力。

每一天，你都要轻轻地对自己重复100遍："我是一个骗子!"这样的练习，会帮助你改正你的坏习惯。如果你能够承认这一点，那么或许你所讲的故事未必像以前那样生动有趣，要知道，通常情况下，善于讲实话的幽默家都很严肃，不过这样一来，可是你讲话的可信度却会大大提高。

根除第2法

当你在讲话时，一定要尽量加一些主观想象。你可以想象一下，你的大脑就是法官，你的舌头就是证人。在法庭之上，证人只能说出事实，也就是他的所见所闻，而并非是他对整件事情所持有的看法。

比如，舌头说："那个人从那边跑了过来。他好像牙疼。""他真的在跑吗？""啊，没有，他走得非常快，好像就要跑起来。"那你为何不能说得准确一些呢？因为你觉得自己应该把话讲得更加生动一些。"你是如何判断出他牙疼的呢？""因为他用手捂住自己脸，而且他的表情看起来非常痛苦。”可事实是，这个人一不小心将自己的舌头咬了，可是你在没有了解事实的情况下，却一口咬定是牙疼令其心神不宁，因此他的表情看似非常“痛苦”。你所说的话仅仅是自己的感觉和印象而已，并不是真实的情况。

你将自己的判断当作事实告诉给了其他人。所以，当遇到自己不确定的事情时，千万别讲给别人听。这句教诲必须要深深地刻在你的心里。

根除第3法

将自己那无聊的想象力抛在一边。在你的想象力作用之下，一切色彩都变得是那样的合乎理想而明艳照人。你将羞涩所导致的脸红形容为“红得似火”；一个充满善意的微笑形容为“粉色的笑容”；将思想的深邃形容为“比蓝宝石更加澄澈”；将开怀大笑形容为“绽放着喜悦的光芒”。

从现在开始，请你用实事求是的眼光看待自己的所见所闻，而且用简练直白的语言将它说出来。当你在给别人讲故事的时候，总会加进一些自己虚构的东西，然后听到这个故事的人或许还会将这个故事转述给他人听，当他们再讲的时候，还会在你的基础之上添加一些自己的语言，甚至一些你从未说过的话。于是，你将本来简单的事实描绘得五彩斑斓。假如你还未到一种无可救药的程度，那么你自己就会很快意识到问题所在。

为了将这个坏习惯尽快改掉，你必须先关注一下自己的感受。当你看待事物的时候，只观察这些事物的发生和进展。你必须天天训练，直到自己将简单直接的观察作为一种习惯。在讲话的时候，尽量只说事实，除了事实以外什么话都别讲。

根除暴躁易怒的不良习惯

当人处于暴躁的情况之下，怒气就会变本加厉。但有些人尽管脾气暴躁，也未必会常常发火，如果发火很可能是因为他们的身体健康出现了问题。但无论是什么原因，谁都不希望自己的神经脆弱且混乱，不希望自己总是暴躁易怒，所以，我们应该认真对待这个问题。

根除第1法

一旦出现暴躁易怒，最佳的治疗办法就是要充分的休息或是去权威医学专家那里就诊。同样，这里也存在一个意志因素的作用，因为这类人所存在的问题大多是因为自己极度挑剔的性格所导致的。在普通人的眼里，他们的脾气暴躁和发怒完全毫无道理。假如你下定决心要改正这个习惯的话，那么你完全能够将这个恶魔彻底驱逐出自己的生活中。

在大多数情况下，仅凭自己的决心与毅力就能够做到这一点。当然，假如再添加一些其他的辅助，那么就一定会获得成功。

根除第2法

假如你尽量对一种激烈的情绪进行压制，那么这种情绪就会慢慢消失。当你在大发雷霆之前默默地数到10，你就会发现自己的失态简直是一种非常可笑的行为。

根除第3法

当然，一定要遵循健康的生活规律，要根据自己理智的判断进行生活。要遵守本章所提出的“一般性保健”规则。

根除第4法

培养保持心情愉悦的习惯。这种习惯只要你愿意，就一定能够做到。你心里只要想着那些高兴的事，同时将一切让自己悲观沮丧的事情都抛诸脑后就可以了。当遇到事情的时候，千万别犯傻，一味地钻牛角尖，心里只记着自己曾经犯过的错误或者那些让人不悦的境况。无论这些仅仅是你自己的想象，还是实际情况，都要尽量将它们忘记。

根除第5法

尽量避免焦虑、担心的情绪。一旦出现了这样的情绪，就把自己看作是一个傻子，或者回想一下你以前听过的最好笑、最有趣的事情，就可以将这种情绪摆脱掉，强迫自己将不愉快的经历忘掉。让心情变得开朗起来，放声大笑。在自控力的指引之下，对自己大声地说：“我不担心！”

尽量怀着一种美好的心情看待生活。往事已经成为过去，而现在所处的境况远远不像你预想的一半那样糟糕。为了证明这一点，请你努力回忆一下曾经让你感到高兴愉快的经历或者让你有成就感的事情，千万不要总是想着以往那些痛苦或者失败的经历。

活在当下，要保持一份开朗明媚的心情，尽量去想未来或许出现的好事。那些你所预想会发生的一些不愉快的事情和很多不幸，其实永远不会降临到你的头上。

根除第6法

当阅读书籍时，尽量挑选那些让人心情愉悦而且有趣味的书，将那些令人心情沮丧的书丢在一旁，将那些让人们对世界的美好与光明视而不见的读物统统抛在一边。

当与人交往时，尽量选择那些性格开朗、乐观积极的人。在交谈的过程中，也最好谈论那些让人充满期望的美好前景。为何非要与那些整日愁眉苦脸、对生活充满抱怨的人做朋友呢？这样的做法并不与“友善的对待别人”这一原则矛盾。假如你出于一种为他人着想的考虑与他交往，那么你首先应该确保自己的情绪不受他们的干扰。

根除第7法

每天早上起床时，尽量在大脑中想一些让人振奋或者高兴的事情，并将这些事情深深地印在大脑里，一整天都要时刻不停地想着它。每当自己感到情绪低落、心灰意冷的时候，就想想这些事；每当自己怒气冲天，几乎要爆发的时候，就想想它。你要赋予它们一种神奇的魔力，让它们变成自己的魅力。

根除第8法

将自己感到烦恼、生气、担心的事情一一在纸上记录下来。在记录的时候，一定要准确，让这些事成为一种真实的生活记录。每当一天快要结束的时候，就将它们记录下来，然后仔细读一下自己所写的内容，并且下定决心第二天予以改进。

每过一段时间就翻开记录看一看，这样就能够看到自己的进步。在自己的日记里写下这些事情，作为一种自我激励，并牢记心中。将这种做法始终坚持下去，直到你完全变成自己的主人。

根除第9法

不管在别人面前受到怎样的刺激和触动，都要尽量保持平静，别让自己陷入忧愁和伤感之中，或者表现出不耐烦或者恼火。一定要保持自己的尊严。“人活着就一定要快乐”这是你必须记住的。

毫无疑问，在你的周围，许多人或事都无法让你感到满意。可是，你必须要认清这个事实，那就是你的行为越失态，你所恼火的对象往往就会越得意，因为你所暴露出的弱点令他们感到高兴。为什么你要让他人在自己背后窃喜不已而令自己感到无比痛苦呢？为什么会为了他人的事情而让自己陷入一种烦恼和痛苦之中呢？这样的行为无异于是一种慢性自杀。

根除吸烟酗酒的不良习惯

如果你自己没有勇气去改正吸烟酗酒的坏习惯，那么你最好求助于医生。假如在医生的帮助之下，你仍然不能控制自己，那么毋庸置疑，你已经到了病入膏肓的地步了，你会永远成为它们的奴隶。

根除第1法

假如你发现自己习惯于喝酒是由于一种身体上因素所导致的，那么你可以寻找到一种食物或是其他一些对身体有益的饮料来保持身体的健康。一顿丰盛的午餐是良好意愿的基础。而假如喝酒的习惯是由于心理上的原因所导致的，那么就必须通过另外一种心理愿望来支撑他。无论是哪一种能够让人改变喝酒习惯，而且保持健康生活方式的办法都可以尝试。假如你无法做到这一点，那么就无法成功戒酒。

根除第2法

当一些医生遇到那些烟瘾非常大的患者时，他们常常会建议他们不停地吃花生。就这样一直吃许多花生，直到自己的胃好像对尼古丁生出一种本能的反感为止。假如你每次都能够在一个人犯烟瘾的时候让他对烟产生反感，那么最终他肯定会戒除烟瘾。据说，牛奶也可以起到相同的效果。对于那些吸烟多年的瘾君子来说，还必须适当加以药物进行辅助，因为假如骤然停止吸烟，那么身体或许会产生一些对抗作用。假如你确实下定决心要戒除烟瘾的话，你可以根据下面的指导进行。

根除第3法

恳请你的主治医生给你开一些营养药物。在饮食方面，尽量选择那些清淡的食物，特别是那些与烟酒完全不一样的东西。同时，你在心里一定要牢记这一点：只有戒除这些不良习惯，才能重新获得自由。当你像以前一样开始想抽烟或者想喝酒的时候，就用吃花生或者喝牛奶来代替。并在心里默默告诫自己：没有什么困难是克服不了的，只要一直坚持，吸烟和饮酒的嗜好必将会成为过去。的确如此，随着你的坚持，你的整个身体就会慢慢适应这种变化的新状态。只要你可以长期坚持下去，你一定会获得自由。

根除第4法

不要对别人说你付出了多大的努力。也别去想自己会在戒烟或者戒酒的过程中忍受多大的痛苦。尽量让自己变得忙碌起来，多参加一些户外活动。每天都要午休，保持充足的睡眠。每天要多喝水。假如天气热就尽量排汗。将烟和酒都藏起来，让它们远离自己的视线范围，别去想它们。一旦头脑中想到了烟或酒，就立刻将这种念头赶走，尽量让自己多想想与烟酒无关的事情。

根除第5法

要打起精神来。许多正在与烟酒进行战斗的人往往会陷入一种萎靡不振的精神状态之中。你要对这种精神状态的出现有所准备，一旦你身上出现类似的情况，就立刻让自己去做一些无须集中精力也能做的事情。

根除第6法

不要抱着一种听之任之的态度，企图依靠外力的帮助来改正这些不良习惯。一切类似的治疗都是一种心理疗法。

此外，马克·莱维在一本有关戒烟方面的书，还提出了一些戒烟戒酒的方法：

1. 一旦下定决心要戒烟，就应该常常在心里想着戒烟后的各种益处，而且要想着用不了多久，这些益处很快就会变成现实。千万不要放弃这个计划。

2. 保持吸烟两周。假如你认为自己进展得非常好，那么就能够在计划的日期以前将烟戒掉，千万别彻底停止吸烟，你可以每天减少吸烟量。

3. 当烟瘾发作时，你可以喝一些饮料或者吃一点松软的食品，并且尽量让它们长时间的停留在口中，然后再咽下去。千万不要一下子就将嘴里大口的食物或者干果全部吃下去。

4. 要饮用或者食用自己喜欢的东西。

5. 在两餐之间喝8杯饮料，这些饮料中不能含有酒精、二氧化碳。

6. 每天早晚各做几次深呼吸。

第18章　从儿童时期开始培养自控力

儿童自控力培养中的误区

接下来我们讨论的内容与青少年教育或培养有关。假如理性失去了道德作为依托，就会找不到自己的归宿。假如自控力失去了理性作为依托，那么就会显得无关紧要。假如失去了意志作为依托，理性也根本无法存在。

人之所以为人，正是因为人类具有道德观念，而道德观念的产生必须要以具备个人意志为前提。所以，对儿童所进行的一切自控力的训练，其目的就是让他们能够成为一个拥有高尚道德、生活幸福的人。

那么，要想成为一个有责任心的父母和老师，应该具备哪些基本素质呢？首先，他（她）必须或多或少地了解孩子的一些天性。要尽量对孩子进行了解。其次，家长或者老师自身应当拥有坚强的自控力，而且善于利用正确的方法培养孩子的自控力。

另外，家长或者老师必须牢记孩子自控力的培养一定不能过于简单化，或者运用统一的固定方法。因为每个孩子都拥有独一无二的个性和意志，所以那些固定的规则在一般情况下是无法解决个性明显的问题的，

错误1：让孩子的意志去配合并服从由家长或者老师所制定的某些标准。这样的做法无疑是人为地改造孩子纯真的天性。孩子与生俱来的天性确实能够通过后天的培育被改变，可是在这种天性中，最本质的东西却是坚不可摧的，它们会伴其一生，起着非常关键的作用。

然而，人们不禁要问：每个孩子的特殊意志品质到底是什么？或是说如何才能够对这种特殊的意志进行改进呢？每一个孩子的意志都是他成长前进的动力。这样的意志并非是像工厂里的某个锻造炉，这个锻造炉与一部运转良好或者运转不良的机器连接在一起。人们一旦对它不满意，就能够随时用一个更好的东西代替它或者对它进行修理。

自控力是鲜活的，它与精神机制之间关系紧密。同时，这种精神机制也是能够决定和主宰意志的唯一精神力量。因此，任何外来强加的标准都不可能让其顺从，除非这样的标准是随着精神一起表现出来的。

错误2：孩子的自控力应该受到摧毁。所谓“意志摧残”是一种违背事物客观规律的有害学说，是一种对人类的犯罪。孩子在长大成人以后所取得的成功是由其自己的自控

力以及由这种意志所产生的力量而决定的。

可是，对自控力的摧毁就意味着将自我引导的精神力量也摧毁了，也就是说，摧毁意志无异于从一开始就将孩子成功的希望之火扑灭了。假如意志能够得到人们恰当的理解，那么就没人愿意去打破它。并不需要通过对他的意志进行攻击或者侵袭的方式来使孩子变得顺从，不管所使用的是温和怀柔手段还是激烈的暴力手段都一样。

只有当与孩子的意志相符合的前提下，顺从才具有内在价值。顺从的意义并不在于怎样顺从以及顺从的结果。强制孩子顺从于正当目标就是在培养孩子的意志，让他们利用自己的意志去获取那些美好的东西。假如孩子们的自控力只是在强迫和高压状态下产生的，那这样的自控力就永远无法深入到孩子们的灵魂之中。也就是说，假如离开了精神的主动参与，强制顺从就无法发挥强化意志的作用。

强制顺从可以让孩子们产生对命令的公正合理性的思考与发现，自控力也会因此得到间接的强化。可是，假如说强制顺从没有产生这样的发现，那么它所造成的危害要远远大于我们的想象，它一定会严重的伤害孩子。孩子们应该对生活中那些带有强制性的东西有所了解。比如说法律，可是，他们更加需要的是家长或者老师教给他们判断的价值。

以下这些话就是培养孩子的最佳箴言：尽量少用武力、体力或者其他类似手段；必须要晓之以理。对待孩子要有耐心，态度要温和，要因势利导。必须要因孩子的个性而异来运用这一箴言。你所碰到的困难越多，这一箴言应用的必要性就越为明显，并且你也可以根据实际情况，对此进行灵活机智的修正。

要想让孩子意志训练变得更加完美，一个最为关键的前提条件就是，必须在一种充满理性的氛围里进行这样的训练。

只有周围充满了理性，孩子们本身所具有的判断力才能蕴含和浸透着公正合理性，并且能够推动和促进相应的自控力锻炼。假如仔细分析，就会发现这种与自控力训练相关的理性准则可以被分解为以下几个问题，这几个问题应该在孩子们的脑海里不断地涌现，并且应该起到积极向上的鼓舞作用，而不是与之相反的消极的侵扰作用：

1. 这个人的所作所为是否正确？以这样的方法和途径对这件事情进行处理是否正确？比如说，使用一把锯或是一根针。

2. 这种做法是否彻底？你是否遗忘了一些未完成的工作？比如说，制作某件玩具或是制作一条围裙。

3. 这样的行为是否完美？比如说，你是否表现出了最佳的朗读水平，或者表现出了最佳的态度？

4. 你的行为是否明智？它是否可以带来令你满意的结果？比如说，期盼已久的野餐，或者是上课迟到。

5. 你的行为是否得到了他人的理解？比如说，某件事的经验教训，或是做一件事情所采用的方法。

以上这几个问题都可以将孩子理解力唤醒，而理解力是培养自控力过程中的最重要的因素。每个孩子都是一个朝气蓬勃、充满活力与创造力的个体，在他们的头脑里，总是充满着数之不尽的各种问题，而他们自己本身就是这些问题的中心。在这一系列的问题之下，孩子的智力和理解力将受到极大的触动。随后，他们身上就会发生让你瞠目结舌的神奇变化。

错误3：粗放式教育。无论是在家里，还是在学校，孩子们都不得不面对很多没有丝毫意义的教育。比如，我曾向一个孩子提出这样一个问题，问她是如何计算墙壁的面积的。她背出了一遍计算面积的法则。然后，我又问她："为什么你要用墙壁边长乘以另一边长呢？"对于这个问题，她也无法说出答案。而学校的老师通常就是用这种简单的灌输方式来教授孩子的。

我还问过另一个孩子，夏天时，我们离太阳更远，但反而觉得比冬天暖和，这是为什么？这个孩子答道："因为夏天的太阳光是直射的。""可是这样的事实为什么会让我们的气候变暖呢？"她同样不知道该怎样回答。因为在学校里，老师是永远也不会提问这类问题的。

詹姆斯教授曾经讲过这样一件事："我的一位朋友，在对某学校进行访问时，被校方邀请检查一个低年级的地理教学。这位朋友看了一眼课本，便提问道：‘如果你在地下挖了一个深达几百英尺的洞，那么这个洞的底部温度与它的顶端温度相比，是更热还是更冷呢？’这时，整个班级的学生都你看我，我看你，一片沉默。

“这个班的老师见状连忙说道：‘我相信这些孩子都知道正确答案，不过，我觉得您的提问题的方式有些问题。不如让我来提问吧。’于是，这位老师拿起书本问道：‘地球内核的状态是什么样的呢？’全班一多半的学生都马上齐声回答：‘地球内核就好像一个熊熊燃烧的大火球，里面充满了熔化的岩浆。’

“毫无疑问，这样的教学方式一旦不断沿袭下来，那么教育出来的学生就会变成书呆子。所以，家长和老师在教育孩子时，应当打破这种陈旧的教育思路。

“我们必须坚信，当孩子们在学习时，是可以理解事物的本质及其主要目的的。而这种理解就包含了判断力的参与，通过这种判断力就能够间接地培养孩子们的意志。”

错误4：命令式教育。假如我们将培养孩子的自控力过程建立在一种理性或者充分理解的基础上，那么就必须谴责和摒弃以下这些常常出现在家庭和学校里的态度。比如，常常命令孩子“照我说的去办”“因为是我说的，所以你必须去做。”假如你所发出的命令找不到非常合理的支持理由，那这种命令不过是一种不光彩的恃强凌弱而已。

假如你的理由非常不错，可是你却没有以一种心平气和的态度认真地进行说明，那么你这种蛮不讲理的命令一定会成为未来混乱状态的导火索。孩子们所拥有的理性足以面对最敏锐的质问者和最公正无私的法官。虽然他表面上服从了你的命令，可实际上却牢骚满腹，因为发出指令的人是这样的专制，简直不可理喻。相应地，孩子们不断滋生的抵触情绪也会让自控力受到侵蚀并逐渐消沉。

不管是对你而言，还是对孩子未来的幸福而言，这样的意志所产生的都是充满敌对情绪的力量。

所以，当你所发出的命令遭到孩子们询问理由时，永远不要敷衍搪塞他们。孩子们不应当被强迫着去做某事，或是被粗野地呼来喝去。作为家长或者老师只有表现得通情达理，才有可能让孩子们对你产生信任，这种信任正好就是培养良好自控力的首要因素。

尽量少用强制性的命令向孩子的自控力施加影响。从长远的利益来看，假如没有其他的原因，通情达理所表现出来的意愿在孩子的心目中分量要更重。即使有些情况下必须要使用强制性的指令，但是只要你能够对孩子进行耐心合理的解释，就能够达成你所期望的目标——让孩子心甘情愿的顺从。

保护孩子珍贵的兴趣

兴趣因素在孩子理性作用的发挥中起着十分关键的作用。从逻辑学方面来讲，这是理所应当的事情，因为一颗正在渐渐成长的心灵就等于一颗产生兴趣的心灵。可是，或许会出现这样的情况，也就是孩子们虽然已经认识到了某种行为的正确合理性，以及他可以达到这种理想状态的现实可能性，他的智慧和崇高的道德，可是却缺少了一种强烈的愿望。

能够产生这种强烈愿望的方式只有两种：一种是源自于外界的强制性作用；一种是在深入浅出的引导之下自然产生。假如这种愿望是由强制的外力而引发的，那么对于自控力的培养没有丝毫益处。假如是由深入浅出的引导而自然产生的，那么自控力在这个引导的过程里，会得到最大程度的强化和锻炼。

为了鼓励和引导孩子们从内心中自然产生这种愿望，就必须要极大地激发他的兴趣。这就要求家长或者老师必须要拥有极大的耐心和宽容，而这所有的一切努力是都能得到回报的，你将会发现意志所焕发的强大力量，在这种强大自控力作用之下，孩子行为的质量也会得到非常大的提高。

这种由激发孩子兴趣所培养的自控力具有不可思议的力量。它能够让孩子们在责任的激励下不断前进，即使这样的责任十分沉闷乏味，并且即使其他的兴趣全都消失了，只要那些与责任相隔的兴趣还在，那么自控力就会始终坚守目标。

所以，我们所探讨的内容便涉及了培养孩子自控力的第二个基本法则：兴趣因素。

在孩子们的身上，许多因素都能够激发他们无穷无尽的兴趣，比如：好奇心、模仿欲、竞争欲、认知欲、争取利益的愿望、取悦他人的愿望、想要独立的愿望。

对于一个各方面都正常的孩子来说，无论何时何地，他的这些欲望和愿望都处在一种积极的状态之中。这些欲望和愿望能够不停地让孩子通过利用他所具有的意志去得到、争取、征服某些事物。

孩子拥有好奇心——所以他渴望被发现。

孩子拥有模仿欲——所以关注别人的行为与思想。

孩子希望得到理解，并拥有知识——所以他渴望自己的能力能够在实践中得以锻炼。

孩子希望赢得利益——所以他渴望去发现和应用恰当的方法。

孩子希望能取悦他人——所以他希望自己的言谈行为举止符合社会道德规范。

孩子渴望独立——所以他希望能够得到公正的判断与自由。

因此，家长和老师要做到：

1. 一定保证孩子始终拥有强大的好奇心、敏捷的思维和敏锐的感觉。

2. 对于孩子的模仿欲要进行理智的引导。密切关注孩子所选择的模仿对象，同时，注意应该避免的问题、模仿态度与方式等问题。假如孩子只是单纯地模仿样子，就应该减弱这种模仿倾向。假如孩子的模仿方式非常拙劣，就想方设法帮助其改进。

假如孩子的模仿不明智，就应当对这种倾向进行压制。相反，假如孩子是在以一种非常有益的方式模仿，就应该对其进行鼓励。总而言之，必须要保证孩子的模仿是一定范围里的最佳榜样。同时，这样的模仿行为能够激发起他的兴趣，并能够激励着他全力以赴。

3. 在引导之下，将简单的模仿变为进一步的效仿。我们刚才已经探讨了有关模仿方面的建议。可是，模仿或许是自发的，而且这种模仿如果是正确的，它应该是主观能动的。孩子只有在先接受刺激以后，才会模仿，然后，在模仿的基础上进一步产生效仿的欲望，这里就涉及了自控力的问题。

我们不妨以下面的这个例子来表明一下模仿与效仿之间

的区别。约翰将他父亲说过的话重复了一遍，可是这样的重复完全是照抄照搬。在重复的过程中，除了对自己的声音进行适当控制而用到了自控力以外，他的自控力丝毫没有参与进来。这就是简单模仿。可是，假如约翰在引导之下，尊重父亲的言谈举止、人生准则及目标，并不断地对它们加以思考，并希望这些美德有一天能重现在自己身上，那么，约翰的简单模仿就升华为一种更为高层次的效仿了。

有些时候，假如你发现孩子所模仿的对象是一个负面的典型，那么就应当立刻将他这种力量引向其他方向。

假如你发现他所模仿的好榜样还不够彻底，那么立刻对其进行改进。假如他的模仿是为了一个非常低级庸俗的目标，那么应当立刻将他的注意力引向更加崇高的目标上。你可以在他的内心里植入一些效仿的事件与人物，而且要利用每一个机会将效仿的概念灌输给他。实际上，你在这个过程中，已经开始培养孩子的自控力了。记住，高超的模仿力是自然界赋予所有孩子的一种宝贵天赋。

4. 培养孩子的认知愿望。让孩子回答一千个与自己生活密切相关的问题。鼓励他们对自己所关心的问题向你不停地提问。这种做法虽然有着一定的缺陷，应当适度进行，可是它所带来的优点也是非常明显的。孩子们之所以会不断提问，是由于他们开放的头脑里不同思想的碰撞而发出了轰鸣声。

千万记住，一定不要以下面这些粗暴的语气来回答问题：

“没有为什么，事情就是这样的!”“哦，这无关紧要！”“喂，别再来烦我！”假如你因为事务繁忙而无法立刻作出解答，那么你可以与孩子约定，日后再一起探讨这一话题，可是必须要遵守自己的承诺。

假如孩子现在无法理解你的回答，那么你可以在日后时机恰当的时候，再进行解答，并且一定要遵守这个承诺。

假如你自己也不清楚答案，那就坦率地告诉孩子。然后，将这个问题记录下来，千方百计找出答案，给孩子一个满意的回答。

在各式各样的任务中，引导孩子寻找兴趣是一个非常不错的办法。那些了无生趣的东西也一定是一些毫无意志驱动力的东西。比方说，只是为了让自己显得更加忙碌而去制作一条围裙显然是一件十分乏味的事情；可是，假如是为了参加舞会而缝制礼服，就变成了一件非常有趣的工作了。你的意志被事物所蕴含的乐趣唤醒了，这就使本来枯燥乏味的教育一下子变得活泼生动起来。

5. 让孩子不断增强兴趣的欲望。在人类的所有天性中，这种欲望可以说是最强烈的源动力之一，作为家长或者老师，应当对这样的欲望进行合理的引导、发展与控制。假如这种欲望在实践中没有被正确地予以应用，那么它所造成的后果就一定是消极负面的。

经过对这种欲望进行仔细分析，我们可以将其分为两种类型的冲动：一种是健康自利的冲动；一种是损人利己的冲动。下面，我们将为读者揭示这两种个人动机之间所存在的微妙区别。

对于每个人来说，所追求的最大利益就是一种健康且与道德相符合的利己追求；而损人利己这种行为所追求的则是一种虚假利益，这样的虚假利益终将害人害已。健康的自利，是以不损害他人利益为前提来实现个人利益的最大化；而损人利己，则是无视社会公德，一味地追求个人利益而不在乎公共舆论；另一方面，损人利己的行为是一种对公共舆论的藐视。

与社会道德相符合的健康自利主义始终把他人的最高利益放在第一位。因为我们每一个人都是社会这个大家庭的一分子，只有以遵纪守法为前提，让大多数人的最大利益得以实现时，我们才能够实现个人的最大利益。

然而，损人利己则将个人与社会上的其他人割裂开来。当这样的人实现自己最大利益的时候，完全不会考虑他人的利益。在实现自己利益的过程中，这样的人所采用的手段完全是以否定和违背法律为前提的。健康的自利主义能够作为一种永恒的人性而存在，而损人利己主义则是对人性永恒的一种否定。健康自利主义永远都能实现自己的目标，同时，还会唤起更大的力量，不断地创造机会；而损人利己主义只会以失败而告终，并渐渐摧毁追求幸福的力量，让自己的世界逐渐枯萎。

因此，应该从孩子很小的时候，就在他的内心里培养一种健康自利主义并能够让自己感到愉快的欲望，这就相当于在培养一种追求幸福与快乐的美好愿望。换句话说，就是要对孩子们实行一种健康积极的教育，通过这样的教育就会将损人利己的行为从他们的生活中赶出去，用一种健康的自利主义来取而代之。

那么，我们应当运用哪些方法来培养孩子增强自己的欲望呢？

第一，以往的经验。每个孩子都曾自私地想为自己谋取一些利益。出现这种情况时，你一定要保证孩子的记忆里会不时地回想起类似行为所产生的一些不良结果。假如孩子对行为和后果之间的因果关系不太清楚的话，请你一定要坦率地解释清楚，这并非是一种惩罚，而是一种对身心有益的教育。

假如孩子表现得非常好，那么就让他明确地认识到这样的表现所产生的良好结果。假如两者之间的因果关系有些模糊，你可以利用其他方式让它变得更加明朗一些，即使要借助于一些人为的手段也没有关系。

在孩子们的思想中，自控力必须始终处于主导地位。当孩子经过积极经验的正向鼓励以后，那种追求幸福与快乐的欲望就会变得越来越强烈。与之相反，假如孩子们受到了消极经验的负面强化，那么，这种追求幸福与快乐的欲望必定会变得萎靡不振。

第二，借助于从心里渴望获得回报的想法。在这个世界上，回报是一切事物的天然果实。在孩子的世界中，回报所占据的地位是相当重要的，可是，这样的地位一定要受到严格的控制。下面我们就从回报入手，提供一些培养自控力的正确激励法则。不要将孩子们的生活变成履行一系列的职责，他们在履行职责以外，还必须要获得回报。不能因为自己向孩子提出了一个要求，就强迫孩子去实施某种行为。在你提出要求的同时，你也可以为孩子们提供一些回报，比如，一件令他感到惊喜的小礼物或是能够吸引他的一些有利条件。

不要试图通过一些抽象模糊的概念去控制孩子的一言一行。要想让他们对你的教育感到心服口服，就一定要将模糊的事物变得清晰，将抽象的事物变得更具体。

第三，借助一些既定的“理论”。理论一定要体现出某种具体的价值，而且要以一种具体的形式展现在孩子们的眼前。假如孩子们没办法看到理论中所蕴含的价值，那么他们的兴趣就会大大减弱，自控力也会随之消沉。假如他们对理论产生了一种怀疑——认为理论仅仅是一些虚无缥缈、无法捉摸的空洞概念，那么他们就不会尊重你的教导，甚至对你的教导感到厌烦。

因此，我们一定要通过一种途径将理论与实践结合起来，只有这样，孩子们才能充分地将理论应用到各种各样的具体实践中去。实际上，无论是在家庭、学校、幼儿园、社区、邻里之间或是城镇等生活范围内，总有一些准则是每个人都必须遵守的准则，这些准则也是捍卫和确保共同福利所必需的。我们可以将这些准则笼统地概括为“尊重”：

要尊重别人的自由；尊重别人的权利；尊重别人的观点；尊重别人的习惯；尊重别人的宗教信仰；尊重别人的机会；尊重别人的自由；尊重别人的命运。

你可以将以上这些准则变成信念或格言，并让这些信念对孩子的生活起主导作用。

6. 培养孩子乐于助人的思想。我们之前所提供的建议必然会产生这样的结果。诚然，在每个人的生活里，损人利己的行为绝对是应该摒弃的，但就算是健康自利主义，在必要的时候也必须予以放弃。所以，一定要多鼓励孩子舍己为人，不要斤斤计较，多为他人带来一些幸福与快乐。实际上，要实现这个目的的机会十分多。我将向读者们提供以下这几条既简单又实用的准则：

当要求孩子做某件事时，一定要用一种请求的语气与其商量，而不是高高在上、指手画脚。

假如孩子服从了你的要求，一定不要忘记对其表示感谢。

假如孩子非常的顺从，你应当表达出你的欣赏。要真心实意地感激孩子所提供的自愿帮助，并偶尔带给他一些意外的小惊喜。

假如孩子办事非常仔细谨慎，那么你应当马上表示出认可和赞许。

7. 培养孩子独立自主的意识。虽然我们在孩子的成长过程中总是给予无限的关怀和无微不至的呵护，但是我们仍然要注重培养孩子独立去思考、判断、决策、行动的习惯。在家长或者老师的明智引导下，孩子的独立性越强，其自控力就越能够得到锻炼，未来获得成功的希望就越大。我们可以通过下面这几个途径来对孩子们的独立精神进行培养：

第一，借助于想要拥有某件物品的心理。对于孩子来说，他们应该像那些拥有财产支配权的继承者一样拥有很多东西。家长或者老师应该充分尊重孩子们的所有权，不要只知道一味地向他们提出更高的道德要求，而无视他们所应有的权利。

孩子们不仅要有自由地支配自己日常生活的权利，还应肩负起一定的责任，要成为与责任相关联的物品的主人，比如：一小块土地，一只小动物，一艘小船，一套工具，各种制作小物品的机械，一些工作上所用到原材料等。

第二，借助于社会生活经验。只要进行合理的约束和管制，那么如商场、工厂、农场等公共场所都能为孩子提供一些了解社会生活或是做一些社会实践的好机会，这些活动将会培养孩子们处理发生在公共场合中的特定事件的能力，提高他们的应对能力与自主意识，这样就可以让他们的独立性大大地增强，这是毋庸置疑的。

不管出现何种情况，都要尽量让孩子根据自身的能力进行独立判断，这是家长们非常明智的做法。要想做到这一点，就必须要将最大限度的自由给孩子们。但是，这种自由可不是无限的，而是必须要有一定的范围，它一定要符合孩子们最大利益。孩子们迟早都要独立去面对社会、面对生活。

可问题是，孩子将来的自由究竟是发自内心的自由，还是经过批准和许可的自由呢？孩提时代所形成的独立和自由能够为今后的成人自由打下基础。所以，一定要尽量让孩子发挥独立意识，并不断进行调节和控制。

不要让孩子被你的狭隘观念和想法所局限。尽量不要对他进行一些强制性的支配和控制，要学会将控制的缰绳放得更长一些。这样既能对他进行很好的照顾，又能培养孩子们的自控力。假如孩子在实践生活中受到了伤害，那么请不要害怕，因为实践是最好的老师。假如孩子犯了错误，那么你正好可以借此机会对他们进行言传身教。你可以像讲故事一样将你的建议绘声绘色地讲给他听，并将独立自主作为建议的主要内容。

千万不能因为怕麻烦而轻易地对孩子说“不”。

当你没有经过慎重考虑以前，千万别对孩子脱口说“不”。

遇到事情，一定要先仔细认真地思考。假如你对自己感到非常满意，那么你可以向孩子讲述你的思考过程。假如你觉得很糟糕，那么你应该借这个机会让孩子吸取你的教训，也要大声地对他讲出你的思考过程。假如你真的犯了错，那么就必须坦率地承认错误，并进行理性的分析，只有这样做，才可以让孩子们更尊重你。

当你的观点正确时，一定不要表现的得意扬扬，你可以用你的正确观点巧妙地对孩子进行正面教育。假如你的判断与孩子的意愿相悖，而且你也不希望以此对孩子进行教育，那么你可以将你的想法告诉他，并坦诚地表明你的反对态度。当必要的时候，尽量轻松地说“不”，要学会拒绝他人。

当你有明确正当的理由说“不”以后，就别再轻易地说“是”。同样，也不要在已经说“是”的时候再改口说“不”。当反对某件事时，必须要拥有正当合理的理由。

不要说对孩子说“知道了，我无所谓”，因为这样的话意味着你的教导是没有经过深思熟虑的。假如在解决问题时，根据的不是你的思路，那么就应该坦诚地说出这个事实，以此获得孩子对你观点的支持。你偶尔可以引导孩子们去做一些英勇的冒险行动，当然，冒险的前提是你一定要时刻保持警惕，要注意孩子们的安全。

当孩子们处于逆境之中时，一定要鼓励他们忍耐和坚持。

当孩子们犯了错误时，激励他们勇敢地进行自我批评。

当孩子们的独立决定和冒险行为产生了良好结果时，你应该鼓励他们要充满自豪感和成就感。

培养儿童兴趣法则

一般来说，孩子们的兴趣是与生俱来或者由内心所发的。可同时，又有大量的实例证明自发的兴趣是能够进行培养和开发的。正是由于兴趣存在着后天培养的可能性，因此，詹姆斯教授才会发表了以下这些有关“兴趣法则”的论述：

第一条兴趣法则：当面对枯燥乏味的事物时，一旦将这些事物与你感兴趣的事物进行关联，就会变得十分有趣。

实际上，两个互相关联在一起的事物可以起到彼此促进的作用，原本就富有魅力的一方会将其魅力持续不断地传递给另一方。

于是，原本那些索然无味、了无生趣的事物一下子就变得生动活泼起来，而且这样的生动活泼既真实又强烈，就好像它原本就有很大的吸引力一样。

根据这条法则，我们提供了以下三个实用准则：

1. 在孩子的生活里，尽量将一些沉闷乏味的事物与一些他们感兴趣的事物进行关联。也就是说，让那些枯燥乏味的事物从那些对孩子们具有天然吸引力的事物中获得原来没有的生趣。

2. 从那些能够自然引发孩子们兴趣的事物入手，为他们提供一些和这些有兴趣的事物有着直接联系的目标。

3. 你可以渐渐地将这些最初设立的目标与你所期望更长远的目标联系在一起。你可以利用某种自然有效的方法，将新设立的目标与已实现的目标巧妙地联系起来。这样一来，兴趣就能由这个点辐射到另一个点，直至盈满整个目标体系。

总之，作为家长，我们的任务就是通过一种直接或者间接的方式将孩子们对目前工作的兴趣激发出来。然后，在激发起孩子兴趣的基础上，想尽一切办法利用一些迂回的方式将这样的兴趣与你所期望的事情联系在一起。

第二条兴趣法则：自发的兴趣一般很难持久地坚持下

去，它必须符合一定的节奏。

对于成年人而言，始终保持兴趣已经是一件很不容易的事情了，对于孩子来说，自发的兴趣就更加变幻莫测了。正是因为这个原因，我们为大家提供了如下有价值的建议：对于一项不断重复的工作或者任务来说，要不时地令其以以下新面貌出现，要不断提出一些新问题，让人们找到挑战和刺激的感觉，换句话说，就是要经常进行一些变化。

无论那些固定不变的事物在刚开始时多么具有吸引力，随着岁月的流逝，人们的兴趣都会慢慢减弱直至消失。这一点，我们可以通过对感官进行一个简单的试验加以验证。

将你的注意力集中在墙壁或者白纸上的一个点上。你立刻就会发现两种情况：一种是你的视线开始渐渐模糊，到最后你甚至什么都看清了；另一种是你的视线早已不由自主地转移到其他物体上去了。

可是，假如你连续向自己提出一些有关这个圆点的问题，例如，这个圆点的大小、距离、形状、颜色，有没有投下阴影等。也就是说，假如你将自己的注意力有意识地集中起来，假如你能够从不同的角度对它进行思考，假如你由这个圆点引发了一连串的联想，那么，你在这个圆点上集中的注意力保持的时间就会相对延长。

第三条兴趣法则：在孩子们的生活里，出现在眼前的，触手可及的东西永远都是最真实的、最有趣的。

在我们的世界里，存在着种种不同的事物。人类的大脑源源不断地将那些抽象的事物转化为具体形象的事物。正因如此，我们的生活才拥有了无穷的乐趣。

例如：数量单位=苹果或洋娃娃；自由=按自己的想法吃掉全部的果酱；上帝=一个隐身的巨人，可是，由于上帝是无处不在的，因此人们在一只旧鞋里就可以找到他并把他拴住——我们的确会在一个开通的物理学教授家中看到这种教导方式。所以，一定要让孩子的自控力变成具体实践的原动力。

不管情况如何，都必须要记住，孩子在相当大的程度上属于教育的结晶，任何一个孩子都能被培养成人才。那么教育究竟是什么？让我们一起来听一下詹姆斯教授的高见吧：“对教育最恰当的描述莫过于将其称之为一种培训孩子养成良好的行为习惯和行为倾向的机制。”

不管在学校还是在家里，这个“培养后天的良好习惯”的过程都蕴含着这样一句箴言：“如果没有反应就不存在吸收，如果缺少相关的表达也就不会留下深刻的印象。”

以上我们探讨了一些有关理性和兴趣的基本准则以及一些相关的建议。实际上，这仅仅说明了：我们无论想对孩子施以怎样的影响，都一定要为他预留足以使其能自由地在生活实践中独立思考的空间和余地。

经过这种思考所引发的反应，能对孩子自控力的培养提供很大的帮助。只有正确的反应，才能培养出正确的自控力。与之相似的是，假如你能够将孩子的理性和判断力唤醒，那么一切留在孩子头脑中的正确印象都会通过某种表现方式体现在他的行为当中。

后　记

现在，我们想要探讨的问题已经基本讨论完了。对于每个读者来说，你们需要做的工作就是如何在实际生活中切实地履行这些培养方法。我撰写此书不是为了单纯地进行说教，而是希望这本书能够成为每个人的良师益友。因此，我选择将书中大部分内容留给读者自己进行理智地分析。

假如这本书真的能在实际生活中对培养自控力有所帮助，那么我为此书所花费的时间和心血也就值得了。

基佐先生曾在教授《文明史》时对学生们说："能够调动起自己身体的每一项机能，并让身心的能力得到全面发展，将是一笔非常巨大的财富。为了获得这笔巨额财富，我们所付出所有辛苦和努力都是值得的。"

我十分期望各位读者通过此书能够感觉到自控力——这种属于自己的根本力量的存在，并能够运用我们所提供的训练方法洞察成功的秘密。

发掘自己的能力，积极探寻适合于自己的事物，这是所有人的生活理想。

威廉·冯·洪堡曾说过这样一段话："人类的最终目的，也就是最高价值，就是让自己的各种能力得到和谐自由地发展，并让它们成为一个连贯的整体，摆脱原始的愿望牵制——因为这将导致人性的分裂。只要是人，即使历尽艰辛也要不断地朝着这个目标努力，而那些企图通过个人力量影响他人的人特别要时时提醒自己，一定要毫不松懈、继续努力。"

约翰·穆勒对这句话有过这样一段评论："人的性格不是一台可以根据模型来塑造的机器，能够依据说明而丝毫不差地完成任务。人性如同一棵大树，它离不开全方位发展，它必须要向每个方向伸出自己的枝叶，而支配它的恰恰是其自身的力量，我们的生命正是在这种内在力量的推动之下，不断茁壮成长。"

在这本书所探讨的所有内容中，最值得读者们牢记的一点就是：生活并非是由单调和苦难组成。也包含着辉煌、尊严、机会、序曲和回报。真正丰富的生活其实就在这个大千世界里，在我们的朋友之间，在各种各样的希望之中。

对于我们的身体来说，它不仅需要劳动，也同样需要休息。对于我们的大脑来说，它不仅既需要集中注意力去思考，也需要适当的放松。而对于每个人来说，他不仅需要为了理想不断地奋斗拼搏，不断面对失败的压力，也需要消遣，需要游山玩水、出海探险，尽情享受大自然所带来的欢笑和收获。当然，永远都不要忽视自控力的作用，不能使其沉睡不醒！假如你对困难无所畏惧，那就勇往直前吧，你将会征服一切。

谢谢大家！